宇宙生物学で読み解く「人体」の不思議

吉田たかよし

講談社現代新書
2226

はじめに

宇宙生物学とは、地球に限定せず、宇宙全体の広い視野で生命の成り立ちや起源を解明する学問で、アストロバイオロジーとも呼ばれています。本書は、この宇宙生物学の研究成果を医学に結びつけることによって、生命の本質をわかりやすく興味深く解き明かしていくものです。

医者をやっていると、人体に関して数々の不思議な現象にたびたび出会います。実は、そのうちのかなりが、医学とは畑違いの宇宙生物学で、スッキリと説明できるのです。

たとえば、多くの方が貧血に悩まされていますが、その最大の原因は鉄分の不足です。どうして人体には、こんなにも容易に鉄分が足りなくなるという欠陥が生じてしまったのか、医学者の間で以前から謎だとされていました。

この疑問も、宇宙生物学によって謎が解けました。地球は鉄の塊だといってもいいくらい、鉄分が豊富な惑星として誕生しています。だから病原菌も鉄分を利用して生きるように進化したため、これを兵糧攻めにしようと、人体はわざと鉄分が吸収されにくいように腸を発達させたのです。

多くの方が癌で死亡する理由も、宇宙生物学によって説明がつきます。火星や金星とともに岩石型惑星として誕生した地球の大気には、もともと酸素は含まれておらず、私たちの祖先は酸素がないことを前提に誕生しました。そのため、私たちの細胞は酸素の毒性に脆弱で、これが発癌に深く関わっているということがわかってきたのです。

このように従来の医学だけでは説明がつかなかったさまざまな人体の不思議が、宇宙生物学によって解き明かせるのです。しかも、納得させられた瞬間、まるで目から鱗《うろこ》が落ちるように人体の見方が変わります。

私が宇宙生物学と医学を結びつけて考えるようになったキッカケは、自らの経歴にありました。私自身は宇宙生物学の研究に携わった後、一念発起して医学部に再入学し医師になりました。だから、宇宙生物学の知識を基盤にして医学を学ぶことは、私にとっては自然の成り行きだったのです。これが、結果として生命の理解にとても役立ちました。

宇宙生物学と医学は、ともに生命を扱うという点では共通していますが、その方向性はまるで対照的です。

医学は人間の命を救うための学問であり、徹底した実学です。ただし、実用性を重視するあまり、人体の機能について体系立った把握が後回しにされる傾向があります。

一方、その対極にあるのが宇宙生物学です。私は、おうし座暗黒星雲の中に生命の元になるアミノ酸を探す研究プロジェクトに参加していましたが、宇宙の視野で生命と向き合うことは、ロマンに満ち溢れたものでした。宇宙生物学は、何かの役に立てるということを第一に考える学問ではないからこそ、純粋に生命の本質に迫ることができました。

このように互いに対極にあるからこそ、宇宙生物学と医学を結びつけると、それぞれの欠点を補い合い、生命の理解が格段に深まるわけです。そうした発想のもとに、私は、宇宙生物学と医学を結びつけるシナジー効果が最も高いと考えられる7つのテーマを以下のように厳選しました。


第1章は、高血圧の原因にもなっているため医学にとっても重要な元素であるナトリウムが、人体でどのような役割を果たしているのか、地球を回る月との関係から迫っています。45億年前に月が誕生したことと、人体がナトリウムを使って筋肉や神経を機能させていることには、切っても切れない深い関係があることがわかってきたのです。月と地球の間に生じたダイナミックな変遷を通して、生命がナトリウムをどのように利用してきたのか見ていきます。

第2章は、広い宇宙ではケイ素を中心にした岩石型の生命がありうるのかどうかを考えながら、どうして地球では炭素を中心とした有機化合物で生命が作られたのかに迫っていきます。尿が黄色い理由も、コレステロールやアルツハイマー病についての最新医学も、これによって理解が深まります。

第3章は、南米チリのアルマ望遠鏡で探索が進んでいる太陽系外のアミノ酸と生命との関係を通して、細胞の機能の根幹に挑みます。さらに、こうした視点から、今はやりの炭水化物抜きダイエットの是非にも、切り込んでいきます。

第4章は、世界に衝撃を与えたNASAの研究発表を通して、なぜ、DNAの分子にリンが不可欠なのか、宇宙生物学の視点で生命の仕組みを考えます。さらにリンを取り過ぎると骨粗鬆症《こつそしょうしょう》になるなど、人体の不思議にも迫ります。

第5章は、38億年に及ぶ酸素と生命との関わりを考えます。さらにこれを踏まえ、第6

章では、なぜ人間だけが高い頻度で癌になってしまうのか、酸素との関係から解き明かしていきます。

最後に第7章では、鉄と病気との関係を宇宙生物学の視点で探ります。

このように本書では、私たちにとって身近な人体の不思議に対して、壮大な宇宙生物学の研究成果から迫っていきます。これにより、従来の医学や生物学の勉強では見えてこなかった生命の新たな一面が、はっきりと浮き彫りになってくるはずです。

宇宙生物学や医学の醍醐味がお伝えできるよう、一行一行、心を込めて丁寧に執筆しました。どうぞ最後までお読みください。

２０１３年８月

医学博士　吉田たかよし

目次

貧血は細菌から身を守る高度な防御機能だった？／地球は鉄の塊／生命に鉄が不可欠な理由／プランクトンで地球温暖化を防ぐ！／貧血のミステリー／瀉血が効果をあげることも／結核になると鉄分が減少／マサイ族とマオリ族の悲劇／ダイエットのしすぎで風邪をこじらせる／母乳の秘密／卵の秘密

第1章　人間は月とナトリウムの奇跡で誕生した

ナトリウムと月が生命を作り上げた!

ナトリウムと地球を回る月。一見、何の関係もないように感じられますが、実は人間の身体は、この2つのかかわり合いによって、今、この地球上に存在できているかもしれないのです。

私たちの命を支える血液も、生命を育んでくれた海も、塩分がたっぷり含まれています。つまり、ナトリウムイオンが豊富だということです。塩水はあまりにも身近なため、普段は血液や海水にナトリウムイオンが含まれていることを当たり前だと思い、気にかけることはほとんどないかもしれません。しかし、地球の歴史をひもとくと、ナトリウムは、地球の周りに月があったからこそ早々に海に溶け出し、だからこそ生命活動の根幹を担う重要な元素として利用されるようになったということがわかるのです。

この章では、生命の進化のカギを握るナトリウムと月との不思議な物語を通し、人体の秘密に迫っていきます。

低ナトリウム血症

大半の生命体にとって、ナトリウムは生きていくために不可欠な元素です。このことについては、人体も例外ではありません。

ナトリウムは単体では金属ですが、水と接触すると激しく反応し、プラス1価のナトリウムイオンになります。マイナス1価の塩素イオン（正確には塩化物イオン）とともにナトリウムイオンが水に溶けているのが、食塩水です。人体も含め生命体の中にあるナトリウムは、すべてナトリウムイオンの状態で存在しています。

人間が生きていくうえでナトリウムがきわめて重要だというのは、医者にとっては常に実感させられていることです。なぜなら、人体では、血液もリンパ液も、ナトリウムイオンの濃度が135〜145mEq/Lの範囲内に収まるよう、厳密にコントロールされているからです。もし、何らかの異常が生じてナトリウムイオンが増え過ぎたり減り過ぎたりすると、人体には深刻な症状がたちどころに現れ、最悪の場合、命を落としてしまいます。ですから医者は、入院中の患者さんが少しでも血液中のナトリウムの濃度に異常の生じる可能性があると判断したら、定期的に測定を繰り返し、常に一定の値に収まるように厳密に管理しています。医者にとってナトリウムは見落とすことが許されない重要なチェック項目なのです。

実際、人体にとってナトリウムは、数ある元素の中でも果たす役割が際立って大きいものだといえます。体内の細胞は、ほとんどすべてが何らかの形でナトリウムを利用して活動していますが、その中でもとりわけ大きく依存しているのが神経細胞と筋肉細胞です。神経も筋肉も、細胞膜にナトリウムイオンを通す穴が空いており、ここを通ってナトリウムイオンが細胞内に入ってくると、神経細胞は興奮状態になり、筋肉細胞は収縮を始めます。つまり、神経も筋肉もそれぞれの機能の最も大切な働きはナトリウムが媒介することで実現されているわけです。

このためナトリウムがほんの少しでも不足すると、神経や筋肉にはとたんに深刻な影響が現れます。これが低ナトリウム血症と呼ばれる症状です。血液中のナトリウムイオンの濃度がわずかに135mEq/Lを下回っただけで、早くも疲労感や虚脱感が現れてきます。これは、細胞膜のナトリウムイオンの通り道を開いたとき、血液中にナトリウムイオンが少なければ、細胞に入ってくる量を十分に確保できず、神経も筋肉も働きにくくなるのが原因です。

さらに、ナトリウムイオンの濃度が110mEq/Lを下回ってくると、全身の筋肉が痙攣を始めます。また、脳内の神経細胞が異常をきたすために昏睡状態に陥ります。こうして場合によってはナトリウムの不足で命を落とすこともあるのです。だから医者は、患者のナトリウムの濃度にとりわけ神経質になるわけです。

血液は体内に海の環境を再現

　このように人体はナトリウムイオンに依存して生きているわけですが、こうした進化を遂げたのは、歴史の必然だったといえます。生命が誕生した時期には諸説ありますが、最新の研究では38億年前に地球に誕生し、少なくとも15億年間は単細胞生物として海を漂って暮らしていました。

　当時も現在と同じように、細胞を取り巻く海水に含まれる陽イオンの中で、最も多かったのは水素イオン、ついでナトリウムイオンだったと考えられています。だから細胞膜にナトリウムイオンの通り道を作るだけで、ゲートを開きさえすれば、ナトリウムイオンは何の苦労もせず細胞に取り込むことができたわけです。

　ナトリウムイオンはプラス1価の電荷を持っているので、細胞に取り込むだけで細胞膜の内側は電気的にプラスに変わります。神経も筋肉もこれをきっかけにしてスイッチが入る仕組みに設計されました。海中という環境を考えれば、細胞の内側をプラスに切り換えるのにナトリウムイオンが利用されるようになったのは当然の選択でした。

　やがて私たちの祖先は多細胞生物へと進化し、さらに脊椎動物となって陸上に進出しましたが、その後も、個々の細胞は海と同じようにナトリウムイオンが豊富に含まれる環境の中でしか機能を発揮できないという基本的な性質は変更しようがありませんでした。そこで、体内では擬似的に海と同じ環境を再現することが不可欠だったのです。このために用いられたのが血液でした。

血液は、赤血球や白血球などの血球と液体成分の血漿《けっしょう》から成り立っています。赤血球などは血管の壁を通り抜けることはできませんが、血漿は毛細血管からしみだしてリンパ液となります。全身の細胞は、このリンパ液に浸された状態で存在しているのです。リンパ液は、もともとは血漿だったわけですから、ナトリウムイオンも含め成分は血漿とほぼ同じです。だから正確にいうと、人体はリンパ液によって海の環境を再現しているというわけです。

生命体の形態を作り上げるだけなら、水のほかに炭素や酸素、それに窒素やリンなどがあればできなくはありません。しかし、食料を得たり、生殖を行うなど、大自然の中で生き残るために生命体としての高度な機能を発揮するには、少量ではあってもミネラルが必要となります。その代表がナトリウムなのです。

幸い、原始の海にもナトリウムなどミネラルが豊富でした。生命はこれを用いて進化することができたのです。もし、海が琵琶湖のような淡水だったとしたら、少なくとも現在のような豊かな生命は生まれることなどありえなかったはずです。地球の海が塩水だったのは、生命にとって最大の幸運だったといえます。

海の水は彗星が運んできた!

私たちは海が塩水であるのを当たり前だと思っていますが、実はその陰には宇宙規模の壮大なドラマがありました。そもそも地球に誕生した海が比較的早期にナトリウムを含む塩水になったのは、意外にも地球の周りに月が回っていたためであることが明らかになってきたのです。この塩水のおかげで現在の生命が進化できたわけですから、私たちが今、存在できているのは月のおかげだということになります。そう思うと、夜空に浮かぶお月様の見方が変わってきます。

月とナトリウムとの関係を理解していただくために、まずは海がどうしてできたのかをお話ししましょう。

地球は水の惑星と呼ばれていますが、実は海水として地球の表面を覆っている大量の水は、もともと地球にあったものではありません。地球は、水星や金星、火星と同様に、太陽系に漂う岩石が集まってできた惑星です。誕生した当初は、岩石がドロドロに溶けた塊で、海はありませんでした。

海を形成している大量の水分の起源は、彗星だと考えられています。42億年前から38億年前にかけて、彗星が次から次へと大量に地球に衝突しました。彗星は、別名「汚れた雪だるま」と呼ばれています。その名のとおり、彗星を構成している成分は、ほとんどが水の凍ったもので、その中に少量の有機物などが混ざっています。雪だるまを作って道路わきに置いておくと、大気中の汚染物質などが付着するため、汚れて黒っぽくなりますね。彗星はまさしくそんな状態なのです。

こうした汚れた雪だるまの塊が、エッジワース・カイパーベルトと呼ばれる冥王星の外側や、オールトの雲と呼ばれる太陽系のもっと外側の軌道には大量に存在しています。その中には、衝突などにより偶然に軌道が変わって、太陽の近くまでやってくるものがあります。それが彗星の正体です。

太陽系ができたばかりのころは、エッジワース・カイパーベルトやオールトの雲を漂っている小天体の軌道も不安定だったため、今とは比べ物にならないくらい彗星が頻繁にやってきました。こうして地球にも、巨大な雪だるまが何度も何度も衝突することとなり、その水分によって現在の海ができあがったと考えられています。

私たちの身体の70%は水分です。つまり、人間の構成要素のうち、地球に由来した物質はわずか30%にすぎず、人体の70%は本を正せば彗星だったということになります。だから、母なる地球という表現は、厳密にいうと間違いでしょう。地球は生きる場所を提供してくれているだけで、生命にとって本当の母だといえるのは彗星なのです。

最近では、海を作った水分は、エッジワース・カイパーベルトやオールトの雲からやってきた彗星よりも、火星と木星の軌道の間にある隕石が運んできた量のほうが多かったのではないかという説も発表されています。ただし、いずれにしても海の水分が宇宙からもたらされたものであり、もともと地球にあったものではないということについては見解が共通しています。

ナトリウムが海に溶け出したのは月のおかげ

注目していただきたいのは、彗星が運んできたにせよ、隕石が運んできたにせよ、もともとの水分にはナトリウムはほとんど含まれていなかったということです。では、海はどうして塩水になったのでしょうか。ハーバード大学（米国）のハインリッヒ・ホランド博士らの研究によれば、海が塩水になったのには、以下のような経緯があったということです。

食塩は塩化ナトリウムですので、海が塩水になるには、ナトリウムイオンと塩化物イオンの両方が必要です。このうち、塩化物イオンについては、火山ガスとともに地球の内部から地表に大量に供給されていたため、海が誕生した直後に豊富に溶け込むことになったと考えられます。水に塩化物イオンが溶けると塩酸になります。つまり、初期の海は塩酸を大量に含んでいたわけです。

一方、ナトリウムは地殻にある岩石などに含まれていたと考えられ、これが海水の塩酸によって溶かされて塩水になったというのです。もちろん、海底にむき出しになっていた岩石に付着するナトリウムは、速やかに海水に溶け出したはずです。しかし、これはわずかな量で、それだけでは塩水といえるような濃度にはなりません。

では、どうして海は塩水になることができたのでしょうか。ここで、いよいよ月の登場です。海を塩水に変えるのに大きな役割を果たしたと考えられるのが、この章のもうひとつの主役、月なのです。

アポロ11号

都会に住んでいると、ふだんの生活の中で月を意識することはほとんどありません。たまに夜空を見上げて、今晩は満月だな、などと思うくらいです。月は潮の満ち引きを起こしますが、自然環境を決定的に変えるほど強力なものではないように思われます。月が海を塩水に変えたといわれても、にわかには信じられないでしょう。

月の影響がさほど大きくないのは、現在の月が地球から38万キロメートルも離れているからです。しかし、かつての月は事情が違います。45億年前に誕生した当初は、月は地球からわずか3万2000キロメートルしか離れていませんでした。これは、現在の12分の

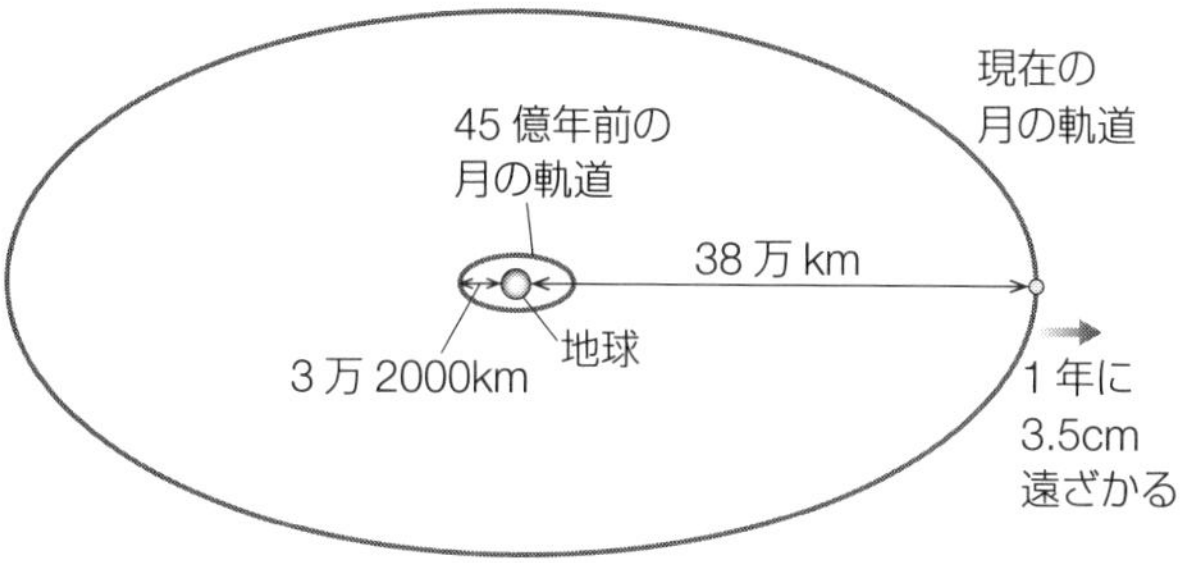

45億年前、月が誕生した直後は、月と地球との距離は現在の12分の１だった

１の距離です。その分だけ引力も大きく、地球に与える影響は絶大でした。

実は現在でも、月は、毎年、わずかながら地球から遠ざかっていることが観測によって明らかになっています。１９６９年、アポロ11号が月面に小さな反射鏡を設置しました。この反射鏡は特殊な鏡で、どの方向からやってきた光であっても、飛んできたのとまったく同じ方向に反射します。これを利用して、米国・ニューメキシコ州にあるアパッチポイント天文台では、月までの距離を正確に測定し続けています。レーザー光線を月面の反射鏡にぶつけ、地球に戻ってくるまでの時間を計測すれば、月までの距離がわかるわけです。なんと現在では、わずか数ミリメートルの誤差で厳密に求めることができます。その結果、月は１年に３・５センチメートルずつ地球から遠ざかっていることがわかりました。

なぜ月が遠ざかっているのか、その理由も明らかになっ

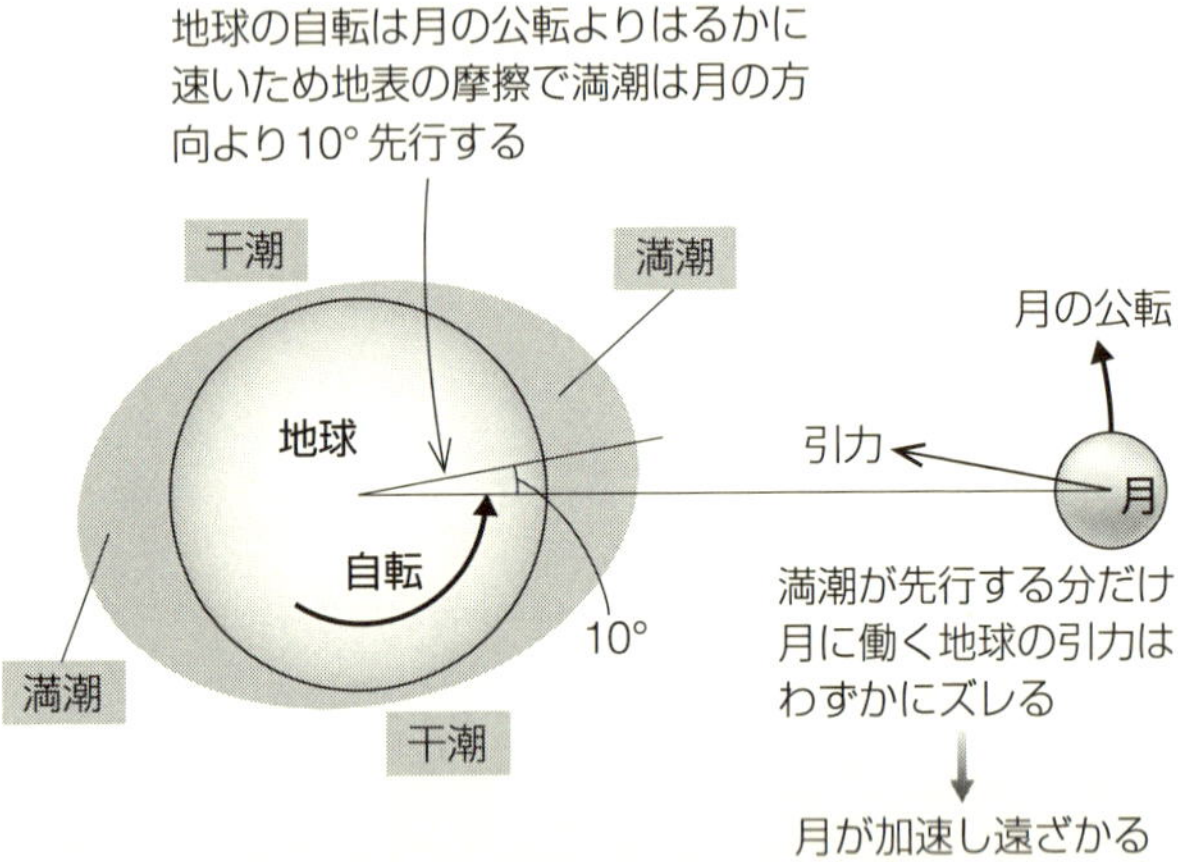

月から見ると、地球の引力は地球の中心方向よりも前方にズレており、加速がついて月は地球から遠ざかる

ています。月は28日の周期で地球の周りを回っていますが、これに合わせ、地球上の満潮の部分も28日周期で回っています。ただし、地球の自転はこれよりはるかに早い24時間周期なので、速く回転する地表との摩擦で、満潮の部分に相当する海面の膨らみは、月の方向より約10度ほど先行しています。この結果、図に示したように、月から見れば、地球からの引力は地球の中心より少しだけ進行方向にズレており、これによって月が加速され遠ざかるのです。

この理屈は物理を専攻していないと理解しにくいと思いますが、そんな場合は、室《むろ》伏広治《ふしこうじ》選手がハンマーを投げるシーンを思い浮かべてください。ハンマーのグリップを握る室伏選手の腕は、必ずハンマーの先端の砲丸よりも先に回転しています。だからハンマーに加速がつき、遠くまで投げられるのです。もし、腕とハンマーが身体の重心から見てまったく同じ方向を保ちながら回転し続けたら、いつまでたってもハンマーに加速はつきません。

地球と月には、ハンマー投げとまったく同じ現象が起きています。少しだけ先行している満潮で膨らんだ部分を室伏選手の腕だと思ってください。月にはハンマーと同じように加速がつき、その分だけ地球から遠ざかるわけです。物理を専攻していない方でも、なんとなくイメージはできると思います。

このように月は毎年、少しずつ遠ざかっているわけですが、逆にいえば、時代を遡るほど、月は地球に近かったことになります。このことは、化石の研究からも裏付けられています。プリンストン大学（米国）のピーター・カーン博士は、4億2000万年前のオウム貝の化石に認められる成長線の数を調べました。オウム貝の貝殻には1日に1本、成長線と呼ばれるスジが入る部分があり、その数をカウントすると、月が何日で地球を回っていたのか推定できるのです。研究によると、この時期の月は公転周期が約9日だったと推定されています。これは、当時の地球の自転周期が21時間であることを考慮すると186時間に相当します。月の公転周期がわかれば、地球から月までの距離は簡単に求められ、現在の43％の距離だという結果がはじき出されました。この研究は1978年に発表されたものですが、現在でもおおむね妥当な推計値だと考えられています。

ジャイアント・インパクト説

ちなみに地球のお隣の火星には、フォボスとダイモスという2つの衛星が周回していま す。しかし、同じ衛星とはいっても、これらは月とは意味合いがまったく異なる衛星なの です。

フォボスもダイモスも、月よりはるかに小さく、もともとは小惑星で、たまたま火星の引力に捕まったために衛星になったと考えられています。

一方、現在、多くの研究者が支持している最も有力な仮説によれば、月ははるかに劇的な誕生の仕方をしたと説明されています。太陽系ができたばかりの45億年前、もともとの地球に、現在の火星くらいの原始惑星が45度の角度で衝突しました。そのときに飛び散った破片が集まってできたのが月だというのです。

これは、ものすごく大きな衝突だという意味でジャイアント・インパクト説といいます。地球や月に関する観測結果は、この説ですべてが矛盾なく説明できるので、現在ではほぼ間違いのない標準的な考え方となっています。

また、ジャイアント・インパクトの後、大小2つの月が誕生し、それが数千万年後に再び衝突して現在の月になったという説も発表されています。月は地球から見て表側と裏側では鉱物の組成がかなり異なり、どうしてそうなったのか大きな謎だったのですが、2つの月が衝突したとすると、うまく説明できるのです。ただ、この説には異論もあり、今後の研究が待たれます。

少し蛇足ですが、90年代後半に大ブームとなった『新世紀エヴァンゲリオン』というアニメをご覧になったことがあるでしょうか。西暦2000年、セカンド・インパクトという隕石の衝突によって人類は壊滅的なダメージを受けるというストーリーです。隕石の衝突が、なぜ、セカンド・インパクトと名付けられたかというと、月を誕生させた45億年前の小惑星との衝突がファースト・インパクトなので、西暦2000年の衝突はセカンド・インパクトだというわけです。

私は特にアニメファンだというわけではなかったのですが、たまたまテレビのチャンネルを合わせたらエヴァンゲリオンが放送されていました。そのとき、登場人物のセリフの中にセカンド・インパクトという名称が出てきて、私はこれですっかりファンになりました。制作者が宇宙科学の勉強もしっかりされており、それをさりげなくストーリーに盛り込む努力をされていることに好感が持てたからです。注意深く見ていると、エヴァンゲリオンには、科学研究の成果がいろいろなところに反映されており、こうしたディテールの完成度の高さが、多くのファンの心をつかんだのかもしれません。

月がもたらす潮汐力

さて、話を元に戻しましょう。45億年前、できたばかりの月は、地球からみて現在の12分の1くらいの距離を回っていました。海ができたのはこれよりも少し後のことですが、当初は潮の満ち引きは壮絶なものでした。

万有引力は、距離の自乗に反比例します。ですから、距離が12分の1だと、引力は12の自乗、つまり144倍だったという計算になります。潮の満ち引きを起こす原動力は月による引力ですので、誕生当初の海では、少なくとも現在の100倍以上のエネルギーで潮の満ち引きが行われていたはずです。

この時期、月は今の4倍の速さで地球の周りを回っていたのですが、地球の自転も速く、6時間で一周していました。干潮と満潮は、地球が一回り自転する間に、それぞれ2回訪れます。つまり、当時は干潮と満潮が1時間半ごとに繰り返し訪れたわけです。

以前、瀬戸内海で、鳴門の渦潮を見たことがあります。海水が渦を巻く姿は壮観で、潮の流れの力強さを改めて実感しました。しかし、誕生直後の海で繰り広げられていたのは、こんなものではありません。

現在の地球では、海が最も荒れるのは、台風による大嵐でしょう。しかし、当時は、月の引力で生じる潮の満ち引きで、現在の台風とはまったく比較にならないくらい、凄まじい大嵐がつねに起きていたのです。こうして地殻は潮の流れで削られ、また大陸にまで海水が押し寄せた結果、ナトリウムが一気に海に溶け出すこととなったと考えられるのです。このように、生命を育むことになる塩水という海の環境は、月が地球のすぐ近くを回っていたためにもたらされたものだといえるのです。

もちろん、海が塩水にならなかったとしたら生命は進化できなかったとは言いきれません。生命は、周囲の環境に適応してそれなりに高等な生物へと進化できたのかもしれないでしょう。ただし、仮にそうだとしても、人間も含め現在の動物は、この章の初めにお話ししたようにナトリウムイオンを使って神経や筋肉をコントロールしているわけですから、今の姿とはかけ離れたものになっていたはずです。

月が遠ざかったから多細胞になれた

月が地球の近くを回っていたというのは、生命にとってはなんとも幸運なことでしたが、実は月に関して、もうひとつ幸運がありました。それは、月が地球から離れてくれたことです。

海にナトリウムがないと現在のような生命は誕生できなかったはずですが、かといって、いつまでも海が荒れ狂っていたら、生命にとって海はとても居心地の悪い場所になっていたでしょう。

地球が誕生してから30億年がすぎると、海の潮汐力は現在とほぼ同じくらいになりました。多細胞生物はこの時期に誕生したという仮説が有力ですが、海が穏やかになったことは多細胞生物の進化にプラスに作用した可能性は大いに考えられます。当時の生命は、酸素呼吸で得られる莫大なエネルギーを利用して細胞と細胞を結びつけるコラーゲンを作り出すことができるようになり、多細胞生物が生まれました（詳細は第5章で説明）。ただし、コラーゲンで細胞をくっつけようとしても、この時期まで海が荒れ狂っていたとしたら、それは生命にとってはるかに困難な作業になっていたでしょう。

もし、いつまでも月が現在の12分の1の距離に居座り続けていたら、多細胞生物が地球上に出現するのは、1億年や2億年くらいは遅くなっていてもおかしくはありません。そうだとしたら、現在でも人間はもちろん、大型の哺乳類はまだ誕生していない計算になります。

また、私たちの祖先は3億6000万年前に両生類として初めて陸上に進出したわけですが、やはり大嵐の状態では、陸上への進出はより難しい作業になったと思います。海にナトリウムがもたらされたところで、今度はいいタイミングで月が地球から離れてくれて海が穏やかになったことは、生命が繁栄するうえでおあつらえ向きだったといえるのです。

このように考えると、私たちにとって、月が遠ざかってくれたことは、2つ目の幸運だったといってもいいのではないでしょうか。

月と地軸の関係

実は月は、単純な微生物から人間のような複雑な生命体に進化するにあたり、さらにもうひとつ、決定的に重要な役割を果たしてくれました。それは、月が地球の自転軸を安定させてくれたということです。もし、月がこうした役割を果たしてくれなかったとしたら、やっぱり人間は地球上に誕生することが困難だったと考えられています。つまり、自転軸の安定は、月が人間にもたらしてくれた3つ目の幸運だといえるのです。

地球は自転しながら太陽の周りを公転しているわけですが、自転運動の中心軸は公転する面からみて完全に垂直になっているわけではありません。現在の地球では、23・4度だけ傾いています。これによって北半球が太陽のほうを向いたり、南半球が太陽のほうを向いたりするので夏と冬という季節の変化が生じているのです。

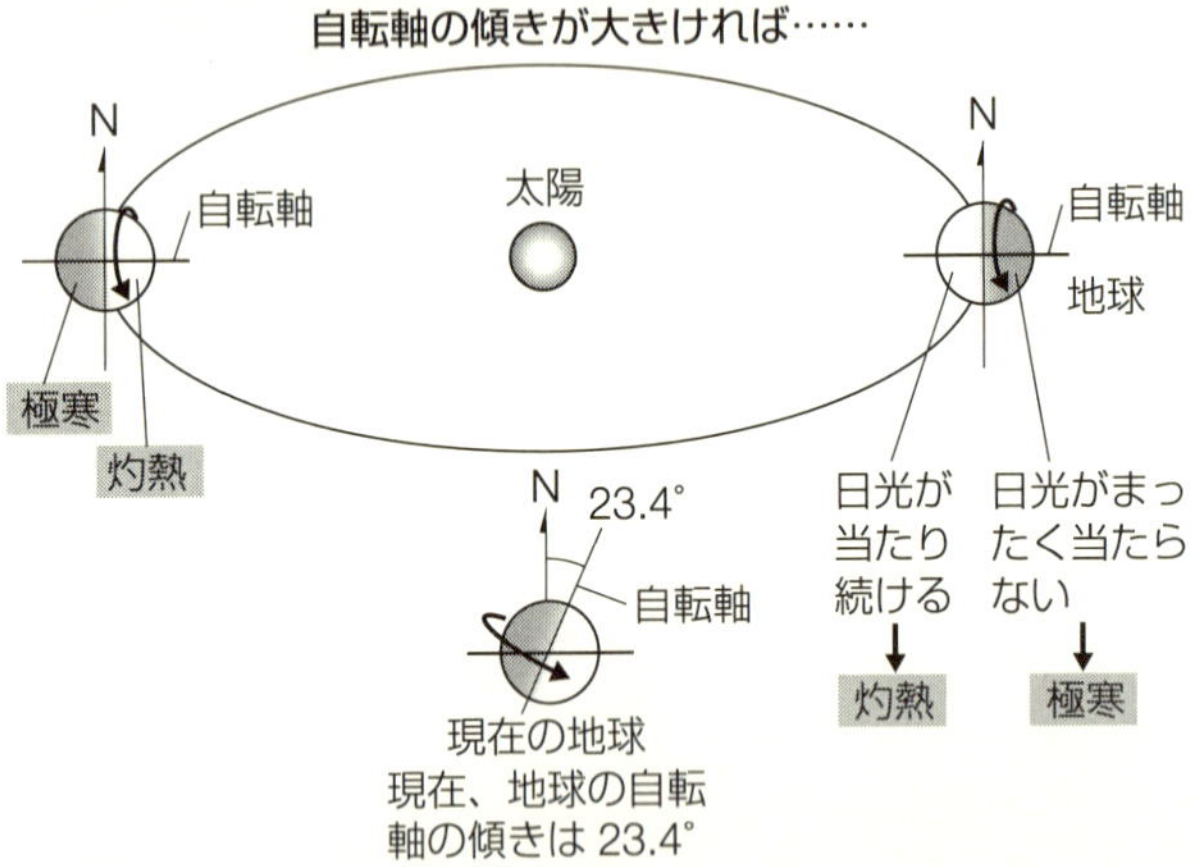

地球の自転軸がもっと大きければ、地球は灼熱の夏と極寒の冬が繰り返される過酷な環境になった

パリ天文台（フランス）のジャック・ラスカル研究員は、もし月が存在しなかった場合、地球の自転軸はどのように変化したのかコンピュータ上でシミュレーションを行いました。その結果は衝撃的なもので、自転軸は予測不可能な変化を示したのです。

その最大の原因は、地球の外側を回る木星の影響です。木星は距離は遠いものの巨大な惑星なので、地球にかなりの引力をもたらしています。しかも、ともに太陽の周りを異なる周期で回っているため、木星と地球の距離は、かなり複雑に変化します。これにより、地球に及ぶ引力も不規則に変化するため、その結果、自転の中心軸も歪められてしまうのです。

もし、地球の自転の中心軸がもっと傾い

てしまったら、地球の環境には恐ろしいことが起こります。真夏になると真夜中でも日が沈まず、気温が猛烈に高くなって、地表の生物を焼き尽くします。一方、真冬になると真昼でも日が昇らず、一転して地表は氷で覆い尽くされてしまいます。

もちろん、そのような環境でも微生物なら生き残ることは可能でしょう。でも、毎年、灼熱地獄と極寒地獄が繰り返されるわけですから、高等生物は死に絶えるしかありません。地球上に哺乳類が誕生したのが2億2000万年前ですが、それ以降に、もし地球でこのようなことが一度でも起きていたら、人間に進化するはるかに手前で私たちのご先祖様は絶滅していたはずです。

しかし、現実には、そんなことは起きませんでした。その理由は、月が地球の自転を守ってくれたためです。月は地球の近くを規則的に回っているため、木星よりはるかに大きな引力を地球に対して均等に及ぼし続けたおかげで、地球の自転軸が傾くのを防いでくれたのです。

こうした月の効果が大きかったことは、地球のすぐお隣の火星を見れば明らかです。火星の自転の中心軸は、現在は地球と同様の25度の傾きですが、過去1000万年の間に13度から40度と大幅に変化しています。一方、その間、地球の自転軸は22度から24・5度とほとんど変化していません。この差を生み出した原因が、巨大な衛星が回っているかどうかの違いなのです。

先ほど紹介したように、火星にも、フォボスとダイモスという2つの衛星が周回していますが、どちらも月とは比べ物にならないほど小さな天体で、火星の自転軸を守る働きは果たせませんでした。地球に月という巨大な衛星が回っていたというのは、地球に生きる生命にとって、ただただ幸運だったというしかありません。


照明器具が夜の闇を奪い去った現代社会では、生活の中で月を意識することはほとんどなくなりました。しかし、それでもなお、月は人体の機能に少なからぬ影響を与えていることが、最新の研究で明らかになっています。

2013年7月、バーゼル大学（スイス）のクリスチャン・カジョチェン教授らは、満月の夜に不眠になりやすいことを示す実験結果を発表しました。被験者に外部から隔絶された研究室の中で、脳波を測定しながら眠ってもらったところ、満月の時期には深い眠りを示す脳波が30％も低下していたということです。また、睡眠をもたらすメラトニンというホルモンの分泌も低下していました。

実験は、月明かりがいっさい遮断された環境で行われたものです。にもかかわらず、遠く離れた月による影響が検出されたことは驚くばかりです。ひょっとしたら潮の干満と同じように、私たちの体内でも月によるわずかな引力の差が何らかの変化を生み出しているのかもしれません。

満月の夜には人間の精神が不安定になるため犯罪が増えるという都市伝説を一度は耳にしたことがある方が多いと思いますが、これについては科学的な根拠がないことがラヴァル大学（カナダ）のジェネヴィーヴ・ベルヴィル教授らの研究で示されています。ただし、こうした都市伝説が世界中に広がった原因は、満月の夜になると、寝付きが悪くなったり、うなされたりする人が増えるためなのかもしれません。もし、満月の夜に眠れなくなったら、軽い運動をする、部屋を早めに暗くする、お風呂はぬるめのお湯にゆっくり浸かるなど、不眠対策をしっかり行ったほうがよいでしょう。

月と人体の機能との関係については、科学的な研究が、やっと緒に就いたばかりです。私は今後も興味深い研究成果が次々と発表されるだろうと期待しています。なぜなら38億年前に始まった月と生命との深いかかわりは、今なお形を変えて私たちの細胞の中に脈々と受け継がれているはずだと考えるからです。

第2章　炭素以外で生命を作ることはできるのか？

ケイ素でできた宇宙人は存在するのか？

火星と木星の軌道の間をただよう小惑星で、ケイ素でできた岩石のような宇宙人が発見された。しかも、この生命体は人間の言葉を話し、ときには人の心さえ読み取ることができるという……。

これは、SF界の巨匠、アイザック・アシモフの『もの言う石』という小説です。私は、中学生のころ、SF小説が大好きで、暇さえあれば読みあさっていました。特にアシモフの作品は、単なる空想ではなく、最先端の科学的な知見をできる限り忠実に取り入れたものだったので、科学少年だった私は特にお気に入りでした。

この作品でアシモフが宇宙人をケイ素でできているという設定にしたのも、根拠がありました。科学者の間で、ひょっとしたら、広い宇宙のどこかにケイ素の化合物でできた生命体が存在してもおかしくないのではないかと真剣に考えられていた時期があったからです。実際、このほかにも、当時のSF小説にはケイ素でできた宇宙人が頻繁に登場していました。

ケイ素とは半導体の材料などに用いられている元素で、シリコンともいいます。地球上にも豊富に存在しますが、大半が二酸化ケイ素として岩石の主成分となっています。だか

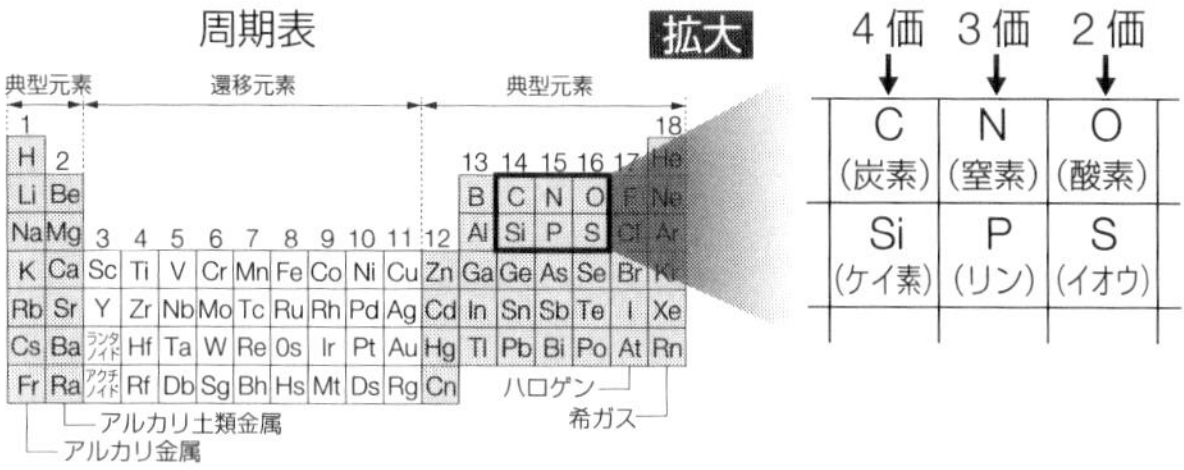

周期表では、ケイ素（Si）は炭素（C）の真下に位置している

ら、アシモフの小説でも、登場する宇宙人は岩石でできた生命体で、岩をギシギシとこすりあわせて言葉を発するという設定でした。

言うまでもなく地球上の岩石は、すべて無生物です。なのに、ケイ素でできた岩石のような生命体が宇宙には存在するかもしれないと考えられていた理由は、元素周期表を見るとわかります。ケイ素は、周期表では炭素の真下に位置していますが、これは、ケイ素原子が、炭素とよく似た化学的な性質を持っていることを表しているのです。

地球上の生命は、炭素を中心にした有機化合物でできています。数ある元素の中で生命の素材として炭素が選ばれた理由のひとつが、炭素の原子価が4価、つまりひとつの炭素原子が最大で4つの原子と結合できるため、バラエティに富んだ化合物を作り出すことができることです。実際、炭素を中心にした有機化合物は1000万種くらいあるといわれています。これに対し、それ以外の無機化合物は圧倒的に少なく、有機化合物の

１００分の1にも満たない6万種類くらいにすぎません。炭素を利用すれば、いかに多様な分子を作り出せるのかよくわかります。

　これに対し酸素は原子価が2価ですので、複雑な化合物は作れません。一方、窒素やリンは原子価が3価です。一見、4価の炭素とそんなに差はないように思われますが、多くの原子が組み合わされると結果は大きく異なってきます。ひとつの分子にその原子が10個あるとすると、単純計算した場合、結合の組み合わせは、3価だと3の10乗で約6万種類ですが、4価だと4の10乗で約１００万種類に上ります。やはり、分子のバリエーションについては、4価の炭素のほうが圧倒的に有利です。

　生命は窒素をアミノ酸の材料として、リンをＤＮＡやＡＴＰの材料として、生命活動の中で重要な役割を担わせています。ただし、こうした物質の場合も化合物全体として多くを占めている元素は炭素であり、窒素やリンは炭素を補う存在でしかありません。やはり、実際に担《にな》わされている役割の重みは、3価と4価では大違いなのです。

　では、炭素以外に4価の元素はないかというと、それがケイ素に他なりません。ケイ素は周期表では炭素の真下にあり、やはり結合のための腕を4つ持っています。これを根拠に、広い宇宙の中では、炭素の代わりにケイ素を基盤にした生命がいてもおかしくはないだろうと考えられていたわけです。

ケイ素では生命は作れない

ケイ素にこのような性質があったため、少年時代の私は、アシモフのＳＦ小説を読みながら、宇宙のどこかにケイ素でできた生命体がいるかもしれないと夢を膨らませていました。しかし、残念ながら現在では、こうした可能性を支持する研究者はほぼ皆無です。

実は、炭素と比較して、ケイ素は生命を形作るうえで決定的な欠点があったのです。それは、ケイ素の化合物が一般的な液体にはほとんど溶けないということです。

地球上の生命はすべて細胞によって成り立っていますが、これはおおざっぱにいうと、脂質の膜の中に水を閉じ込めたものです。この細胞内の水の中で、炭素を中心にした有機化合物が化学反応を起こすことにより、生命の活動が営まれています。生命が身体を成長させられるのも、こうした水溶液の中の化学反応によるものです。

ところが、ケイ素の化合物は、水はおろか、他の液体にも溶けにくいので、生命活動を支える化学反応は容易には実現できません。特に致命的なのが、最も単純な化合物だといえる二酸化ケイ素が、液体に溶けないことです。これが、きわめて水に溶けやすい二酸化炭素とは決定的に異なる点です。

そもそも地球上の生命は、二酸化炭素が水に溶けたから誕生できたともいえます。

地球上の生命は、数多くの炭素が結合した複雑な有機化合物でできていますが、もちろん、こうした高分子の物質がはじめから地球上に存在したわけではありません。元はといえば、大気中の二酸化炭素を植物や細菌が取り込み、日光などのエネルギーを利用して炭素原子同士を結合させて作り上げたわけです。こうした機能を炭素固定、あるいは炭酸固定といいます。

炭素固定を実現するには、ある条件をクリアーすることが不可欠でした。それは、二酸化炭素が容易に水に溶けるということです。気体のままでは、少なくとも生命体が炭素固定を行うのは不可能です。

植物の場合は、日光のエネルギーによって作られたATPを利用して、葉緑体の中のストロマと呼ばれる部分で炭素固定が行われます。ですから、空気中の二酸化炭素をストロマまで運ぶことができて初めて炭素固定が可能になるわけです。

では、どうやって二酸化炭素を運んでいるかというと、じつに簡単です。二酸化炭素は水に溶けるので、細胞内の水溶液に拡散することで、ほとんど自動的にストロマまで届けられます。細菌の場合は種類によって炭素固定の仕組みがさまざまですが、やはり二酸化炭素が水に溶けて運ばれるという点では同じです。

一方、この点について、ケイ素の場合はどうでしょうか。二酸化ケイ素は、地球上ではシリカと呼ばれる結晶として存在します。鉱物の石英や、透明な水晶の主成分も二酸化ケイ素です。雨が降っても石英や水晶が溶けることはないように、二酸化ケイ素は水には溶けません。

もちろん、広大な宇宙の中では、水以外の液体を基盤にして生命体が生まれる可能性も否定できません。ところが、二酸化ケイ素の場合は、溶かす液体といえばフッ化水素酸という毒劇物の溶液くらいです。宇宙が広いといっても、いくらなんでもフッ化水素酸を基盤にして生命が誕生するとは考えにくいことです。

人間も含め動物の場合は、炭素固定を行うことはありません。動物は、基本的には、植物が炭素固定によって作った有機化合物を横取りして生きています。ただし、食べることによって得た有機化合物をそのまま使うのではなく、生命活動を営むため体内で必要な化合物に作り変えを行っています。この場合も、有機化合物が水に溶ける性質が利用されています。わかりやすい例として脂肪を取り上げ、簡単に説明しておきましょう。

脂肪はエネルギーを貯蔵するには優れたものですが、「水と油」というように、一般的には水には溶けません。そこで、脂肪を燃焼させてエネルギーを取り出したり、他の物質を作る原料にしたりする場合は、分解して脂肪酸に変えます。

脂肪酸とは、多くの炭素原子が鎖状につながっており、先端にカルボン酸が結合した化合物です。肝臓など全身のさまざまな細胞の中では、炭素の鎖を長くしたり短くしたりと

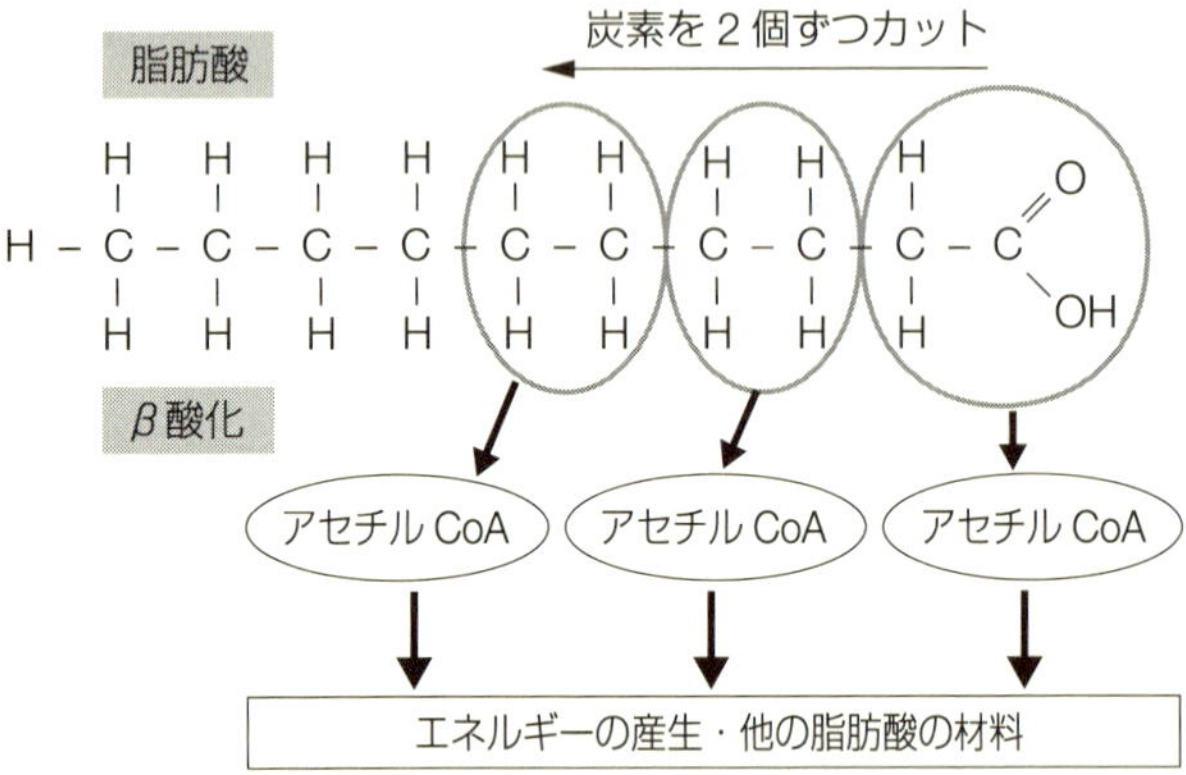

脂肪酸の炭素の鎖を短くする場合は、炭素を２個ずつカットして、アセチルCoAという化合物を作る

いった脂肪酸の作り変えが活発に行われていますが、この場合も水に溶かして細胞内を移動させるということが行われています。

脂肪酸の炭素の鎖を短くする場合は、炭素を2個ずつカットし、アセチルＣｏＡという化合物を作ります。これをβ酸化といいます。ここで得られたアセチルＣｏＡは、エネルギーを取り出すために使われることもありますが、別の脂肪酸を長くするためにも使われます。

このとき、アセチルＣｏＡはタンパク質と結合して水に溶けるので簡単に輸送できるわけです。

わかりやすい例として、仕組みがシンプルな脂肪についてお話ししましたが、炭水化物もタンパク質も、何らかの形でその材料となる有機化合物を水に溶かして体内で作り変えを行っていることについては基本的な事情は同じです。

こうした仕組みがいかに重要かは、大阪城の石垣をイメージするとわかりやすいでしょう。石垣は、総延長が11キロメートル、高さは最大で30メートル以上もありますが、材料となった岩は小豆島などずいぶん遠方から運ばれてきたということです。当時の技術で、なぜ、こうした巨大な石垣が作れたかというと、岩を切り出し、ひとつひとつの岩を船で海に浮かべて大阪まで運び、それを積み立てて石垣を作ったからです。はじめから、11キロメートル×30メートルの石垣を移動させることは不可能です。

基本的には、生命もこれと同じことを行っています。一個一個の岩に相当するのが、二酸化炭素などの比較的小さな物質です。これを水に溶かして炭素原子を必要な場所に運び、そこで組み立てて巨大な有機化合物にするわけです。そうなれば、もう水に溶ける必要はありません。

一方、二酸化炭素が水に溶けることは、廃棄物となった炭素化合物を体外に捨てるためにも役立っています。炭水化物や脂肪を体内の細胞で燃焼させると、水とともに二酸化炭素が生じますが、これが水に簡単に溶けるからこそ、血液とともに肺まで運び、吐く息と一緒に体外へ捨てることができるのです。もし、二酸化炭素が水に溶けなければ、全身の細胞には廃棄物の炭素化合物が結晶化して蓄積してしまうことでしょう。この点でも、生命活動を維持する上で、化合物が水に溶けるというのは、決定的に重要な条件なのです。

では、こうした性質について、ケイ素化合物で実現することは可能なのでしょうか。シャンプーなどには、ジメチルポリシロキサンというケイ素化合物が含まれている場合があります。このケイ素化合物が髪の毛に付着する結果、艶やかな光沢が現れる作用があるそうです。この物質は水溶性シリコンと呼ばれることもあり、その名のとおり条件によっては水に溶けます。ただし、物質名にジメチル（2つのメチルという意味）の接頭語がついているように、ケイ素原子に炭素を中心としたメチル基が2つ結合した分子構造になっています。

炭素を含まない純粋なケイ素化合物に限れば、二酸化ケイ素を含め、大半が液体にきわめて溶けにくい性質を持っています。これは、生命を生み出す元素としては致命的です。アシモフの『もの言う石』に胸をときめかせていた私としてはとても残念なのですが、ケイ素でできた宇宙人は、おそらく存在しないでしょう。

悪玉コレステロール、善玉コレステロールは、コレステロールを水に溶かす手段

二酸化ケイ素と違って二酸化炭素は容易に水に溶けるため、生命は自由に炭素原子を移動させることができるわけですが、このほかにも生命体の中では有機化合物を水に溶かし

て移動させるということが頻繁に行われています。

有機化合物は、水に溶ける水溶性のもの、脂に溶ける脂溶性のもの、それからどちらにも溶けない不溶性のものがあります。ただし、脂溶性であっても不溶性であっても、血液で有機化合物を運ぶ場合は、必ず何らかの形で水に溶けるように工夫しなければなりません。なぜなら、血液のうち、血球を除いた液体の部分は水が主成分だからです。水に溶けなければ、有機化合物を血液に溶かして遠くの細胞まで運ぶということは不可能です。実は、最近、健康のために何かと話題に上る悪玉コレステロールや善玉コレステロールは、こうした役割を果たすために存在しているのです。

世間では、コレステロールというと、メタボの原因となる悪者だと決めつけられていますが、実際には人体の機能を維持するためになくてはならない成分です。コレステロールは、人体に60兆個あるといわれるすべての細胞を包む膜の材料になるため、一定の量は必ず確保しなければなりません。また、男性ホルモンや女性ホルモンはコレステロールを元に作られるので、不足すると女性の場合は更年期障害、男性の場合はＬＯＨ症候群（加齢男性性腺機能低下症候群）などの深刻な症状が現れます。もちろん、大幅に増えすぎてしまうと心筋梗塞を起こすのは事実ですが、必要な量のコレステロールは、つねに各細胞に送り届けなければなりません。

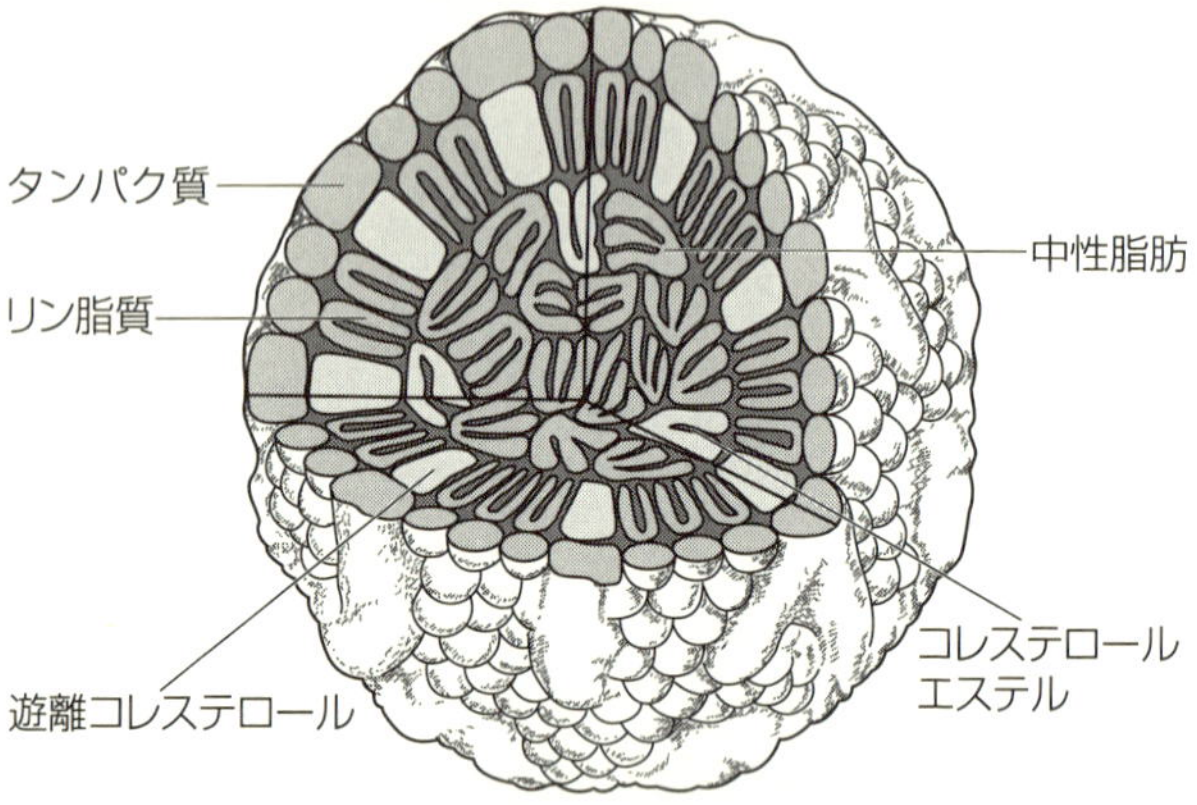

（北海道大学医学部・佐久間一郎講師提供）

コレステロールを体内に運ぶ運搬船の役割を果たす「リポタンパク質」
（講談社ブルーバックス『「コレステロール常識」ウソ・ホント』の図を改変）

ところが、コレステロールは脂質、つまり脂の一種で、基本的には水に溶けません。だから、そのままでは血液に溶かして運ぶことができないのです。そこで、人体には一工夫が必要でした。それが、善玉コレステロールと悪玉コレステロールなのです。

　悪玉コレステロールや善玉コレステロールは、もちろん俗称です。正式には、悪玉コレステロールはＬＤＬ（低比重リポタンパク：Low Density Lipoprotein）、善玉コレステロールはＨＤＬ（高比重リポタンパク：High Density Lipoprotein）といいます。世間では善玉コレステロールや悪玉コレステロールという俗称につられてコレステロールの一種だと勘違いしている人が大半だと思いますが、正確にいうとこれは間違いです。図に示したようにどちらも、本来は水に溶けないコレステロールをアポタンパクというタンパク質などと結合させることにより水に溶ける複合体にしたものです。やはり水に溶けない中性脂肪も含まれており、コレステロールとまとめて血液で輸送するのが目的です。大阪城の石垣のたとえでいえば、岩だけでは海に浮かばなくても、海に浮かぶ船に岩を載せれば小豆島から大阪まで容易に運べるというのと同じ理屈です。

どちらも複合体に含まれているコレステロールの量は意外に少なく、重量比でLDLについては45％、HDLについてはたったの24％にすぎません。にもかかわらず、悪玉コレステロールや善玉コレステロールという、あたかもコレステロールの一種であるかのような名称で呼ぶのは明らかに筋違いです。

そこで一時期、せめて私一人だけでも抵抗しようと、テレビやラジオでは悪玉コレステロールと善玉コレステロールという呼び名は使わないことにしました。しかし、こうした名称がすでに定着している視聴者にはあまりピンと来ないようで、反応は今ひとつでした。そこで現在では、できるだけ正しい解説を加えたうえで、悪玉コレステロールや善玉コレステロールという呼び名を使っています。

悪玉コレステロールと善玉コレステロールの違いは、コレステロールを運ぶために結合

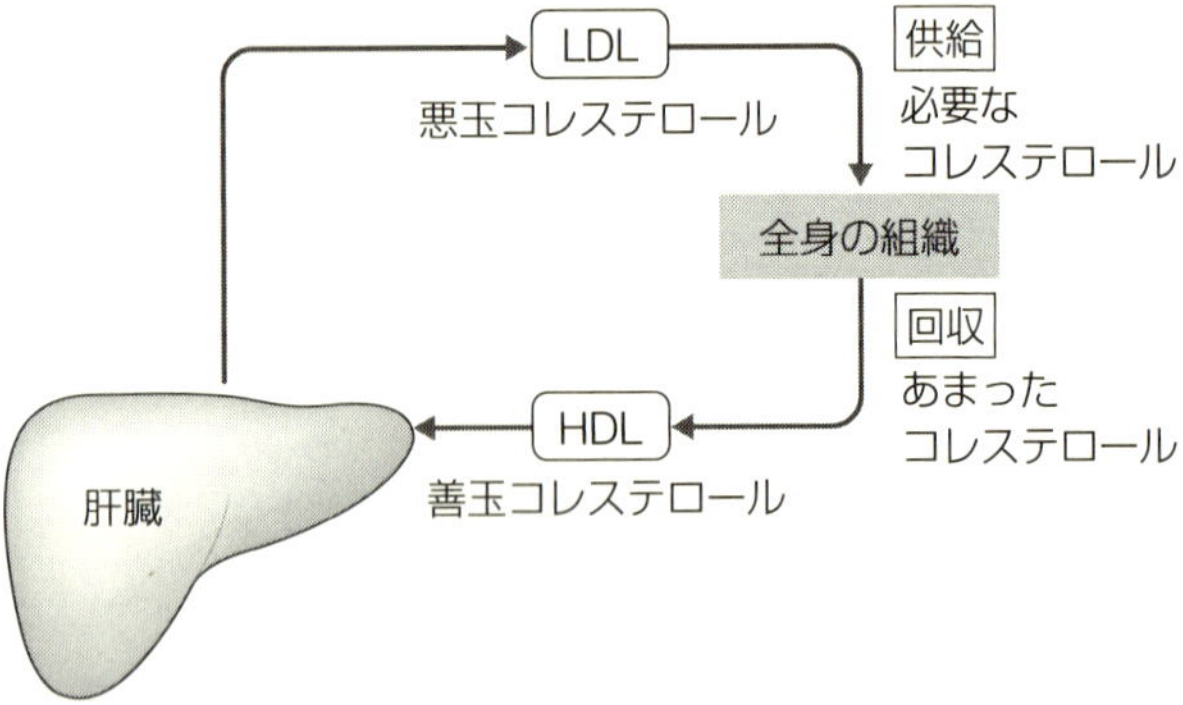

体内を循環するコレステロール

させるアポタンパクが異なるため、体内での役割も異なるということです。悪玉コレステロールは、肝臓で作られたコレステロールを全身に運び出す役割を担い、善玉コレステロールは全身であまっているコレステロールを肝臓に送り返す働きをしています。つまり、善玉コレステロールと悪玉コレステロールは血液に溶かしてコレステロールを運ぶという点では同じなのですが、肝臓から全身へ、全身から肝臓へと、運ぶ方向が異なっているというわけです。この2つの働きを組み合わせて、全身のコレステロールは適切な量に保たれるようになっています。

悪玉コレステロールというと、全面的に悪さばかりをするような印象を与えてしまいますが、これは誤解です。前述のように全身にとってコレステロールは不可欠なものなので、悪玉コレステロールも一定量が確保できていないと、細胞は適切な機能を発揮できません。

ただし、たまたま現代人は運動不足のうえに高カロリーの食事をとるようになってしまったため、悪玉コレステロールが増えすぎて、その結果、血管の壁にコレステロールが過剰に送られてしまい、動脈硬化を加速させています。その結果、心筋梗塞や狭心症、それに脳梗塞を起こしやすくなるほか、最近では過剰な悪玉コレステロールがアルツハイマー型認知症を増加させていると指摘する研究も発表されています。

ですから、私たちにとっては悪玉コレステロールを減らしたほうがいいというのは、方向性としては正しい健康知識なのですが、本来は悪玉コレステロールも人体にとって不可欠なものだということは頭に入れておいてください。

実際、若い女性の中には、極端なダイエットを行い、その結果、悪玉コレステロールが減りすぎてしまって、月経が止まってしまう人がいます。なぜなら、女性ホルモンはコレステロールを元に卵巣で作られるので、原料が届けられないといくら卵巣ががんばっても女性ホルモンは不足してしまうのです。中には、20代にもかかわらず、女性ホルモンが極端に減ってしまって更年期障害になる人もいます。

いくらダイエットが成功して痩せることができても、女性ホルモンが不足すると容姿は衰えます。いきすぎたダイエットに警鐘を鳴らすため、２００９年に発表された代表的な研究を紹介しておきましょう。

テキサス大学（米国）のクリスティナ・デュランテ博士らは、52人の女子大生を対象に、採取した唾液から女性ホルモンの一種のエストラジオールの量を推定しました。さらにそのときに撮影した写真を元に、どれくらい魅力的に見えるかを判定し、相関を分析したのです。その結果、エストラジオールが多い女子大生ほど容姿も魅力的であり、さらに同一の女子大生であってもエストラジオールが多い時期ほど魅力的に見える傾向があることがわかりました。

このほかにも、女性ホルモンが増えればバストアップする、あるいはウエストがくびれるといった効果も見つかっています。つまり、女性ホルモンが多いほど、男性が惹きつけられる容姿になるということです。

そんな貴重な女性ホルモンが減ってしまうわけですから、度を越したダイエットは本末転倒です。ぜひ、控えてください。

尿路結石は水に溶けきれなくなる病気

物質を水に溶かして運ぶという機能は、必要なものを目的地に届けるだけでなく、不要なものを除去するためにも用いられています。先ほどお話ししたように、有機化合物が燃焼して生じる二酸化炭素は、水に溶けるからこそ簡単に肺から捨てることができます。それ以外の老廃物についても、基本的には、やはり、まず血液に溶かされ、さらに腎臓でこし取られて尿として体外へ捨てられるわけです。つまり、尿が液体であるのは、体内で生じた廃棄物を水に溶かして捨てるためにあるのです。

実は、尿が黄色いのも老廃物が原因です。黄色く見えるのは、尿にウロビリンという成分が含まれているためですが、これは赤血球の中で酸素を運搬するのに使われているヘモグロビンの代謝物です。赤血球の耐用期限は約120日で、これを過ぎると肝臓や脾臓《ひぞう》で壊されます。ヘモグロビンは、ヘムという赤い色素とグロビンというタンパク質が組み合わされてできており、そのうち、ヘムが分解されるとビリルビンという物質に変わり、さらに何段階かの化学変化を経て、最終的にウロビリンとなって尿に溶け込むのです。

血液の赤から尿の黄色へと、なんとも色鮮やかな変化ですが、ともに色がついているのは偶然ではありません。分子の中で二重結合が連続している構造を共役系というのですが、これは特定の波長の光を吸収する性質があり、それを除いた光が目に入るため、色がついて見えることが多いのです。ヘムの分子構造にも共役系があるため血液が赤く見えるのですが、ヘムが化学変化したウロビリンにも共役系が残っているので、尿は黄色く見えるのです。赤から黄色に色が変わるのは、化学変化によって共役系が吸収する光の波長が

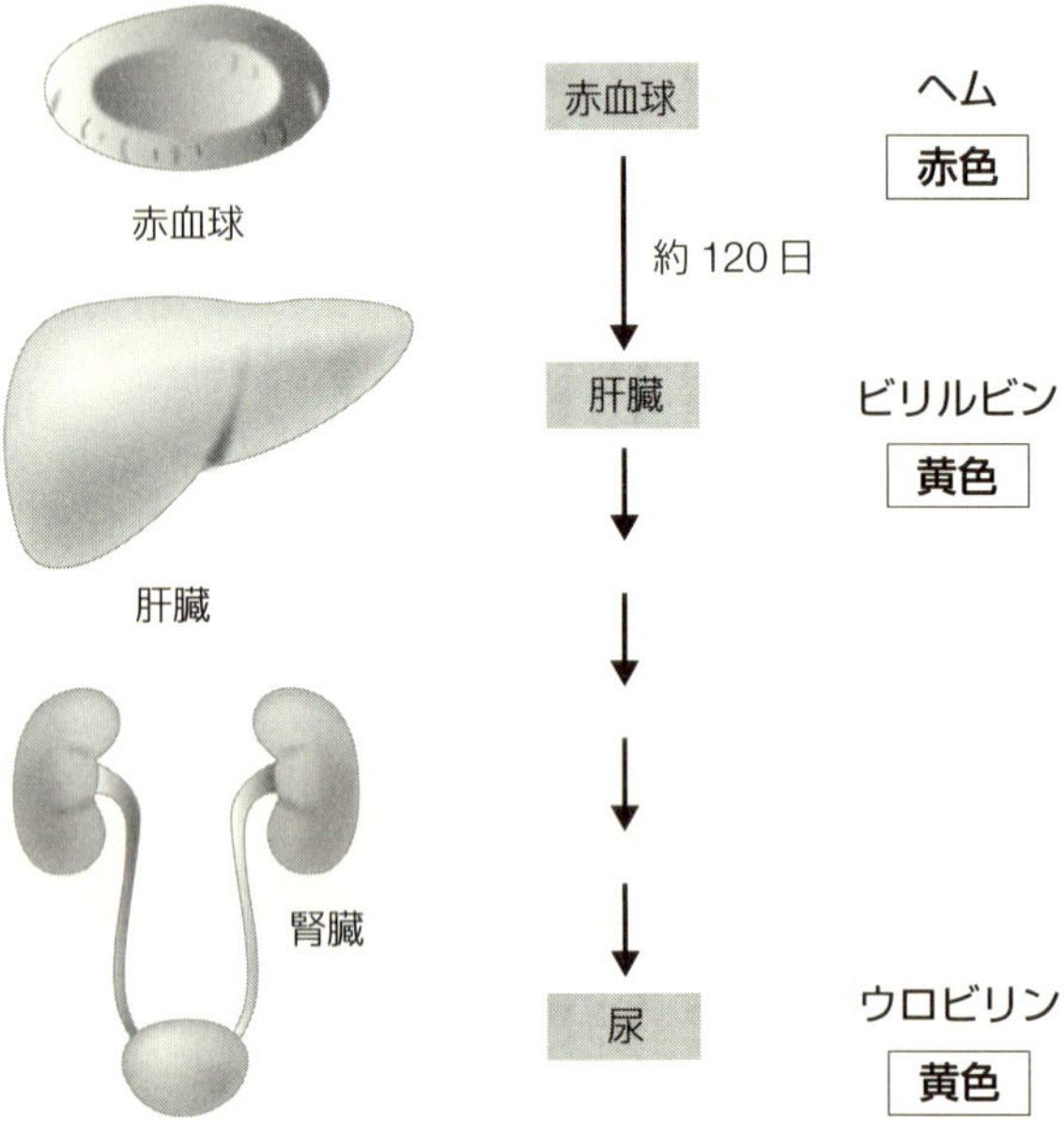

赤血球の耐用期限は約120日。これをすぎると、ヘモグロビンを構成するヘムが肝臓などで代謝されて、最終的に尿として排出される

少しだけ変化するためです。

ちなみに、肝炎や肝硬変など肝臓の病気になると、全身の皮膚が黄色くなる黄疸《おうだん》という症状が現れます。これは、肝臓の機能が障害を受け、ウロビリンになるまでの代謝（生物が、生命活動を維持するために行う化学反応のこと）がうまくいかなくなり、途中段階のビリルビンが血液中にたまってしまうからです。ビリルビンの分子にも共役系があり、ウロビリンとほとんど同じ黄色い色をしています。

ビリルビンは全身の皮膚に均等に現れますが、日本人のような黄色人種の場合、色白の人を除けば、初期にはなかなかわかりにくいものです。そこで医者が診断する場合は、必ず白目の色を観察することになっています。といっても、黄疸は特に訓練を受けていなくても一目瞭然にわかるので、どなたも、ふだんからご自分の白目の色をチェックする習慣を身につけて、肝臓の不調の早期発見に役立ててください。

老廃物を溶かして捨てるというのは尿にとってたいせつな役割ですが、捨てる物質が多くなりすぎると、水に溶けきれなくなることがあります。それが、尿路結石です。腎臓で作られた尿は、尿管という細い管を通って膀胱まで運ばれますが、その途中で、尿と一緒に捨てるはずの尿酸やシスチン、それにリン酸やシュウ酸が、濃度が濃くなりすぎると尿に溶けきれなくなり、固体の結晶が析出してしまうのです。特に尿管は直径が4〜7ミリメートルしかない細い管なので、ここに結晶が引っかかると猛烈に痛くなります。

そうなってしまうと専門の治療が必要ですが、予防のためにまずやるべきことは、しっかり水を飲むことです。尿を薄めてしまえば、結晶にはなりにくいわけです。水を多めに飲むというのは、費用もかからず簡単に実践できることですが、尿路結石の予防効果は絶大です。

アルツハイマー病は水に溶けなくなる病気

尿路結石の場合は、単純に成分が濃くなりすぎて水に溶けきれなくなることが原因でしたが、分解して水に溶かすプロセスがうまくできなくて生じる病気もあります。その代表例がアルツハイマー病です。

アルツハイマー病の根本的な原因はまだ解明されていませんが、脳の神経細胞にアミロイドβという成分が蓄積することが、発病の重大な要因だということがわかっています。

アミロイドβには、40個のアミノ酸からなるアミロイドβ40と、42個のアミノ酸からなるアミロイドβ42という2種類が主に存在します。健康であれば、脳の神経細胞からはアミロイドβ40が多く生じるのですが、これは水に溶けるので蓄積しません。ところが、アミロイドβ42はアミノ酸がたった2個多いだけなのに水に溶けない性質を持つため、何らかの原因でアミロイドβ42が多く生じるようになると、これが神経細胞に蓄積し、その毒性で神経細胞が次々と死滅していくと考えられるのです。

この場合は尿路結石と違い、いくら水を飲んでも予防効果は期待できません。尿路結石の場合は単に濃度が濃くなりすぎるため結晶が蓄積するのですが、アルツハイマー病の場合は水に溶けるアミロイドβ40から水に溶けないアミロイドβ42に切り替わってしまうので、意味合いがまったく異なるわけです。

ハインリッヒ・ハイネ大学（ドイツ）のザシャ・ヴェーゲン博士らのグループは、解熱剤や鎮痛剤として幅広く使われているアスピリンにアミロイドβ42の産生を抑える働きがあることを突き止め、2001年に発表しました。

もともと、慢性関節リウマチの患者にはアルツハイマー病が少ないことが1970年代にわかり、リウマチの治療のために服用し続けているアスピリンにアルツハイマー病の予防効果があるのではないかと指摘されました。その後、数多くのグループが臨床研究をおこなった結果、やはりアスピリンにはアルツハイマー病に対し、ある程度の予防効果があることが確認されたのです。

詳しいプロセスはまだ未解明ですが、アスピリンが脳内でアミロイドβ42の産生を抑えることが発病の予防に関連している可能性は高そうです。ただし、アルツハイマー病を予防するためには、長期間にわたり服用することが必要ですが、この場合、胃腸から出血しやすくなるなどの副作用もあるため、現時点ではアスピリンの長期服用がトータルで有効かどうかは決着がついていません。

現在のところ、アルツハイマー病の予防のために最もおすすめできるのは、できるだけ運動をすることとです。九州大学の藤島正敏教授らのグループが福岡県久山町の住民を対象におこなった調査によれば、高齢になっても積極的に運動をする人は、そうではない人に比べアルツハイマー型認知症を発症する危険性が80％も低いということです。同様の研究結果はカリフォルニア大学（米国）やハーバード大学（米国）などの異なる研究グループからも発表されており、運動が予防効果を持つというのはかなり信頼が持てそうです。

また、ワシントン大学（米国・セントルイス）のデイヴィッド・ホルツマン博士らがネズミの脳を調べた結果、アミロイドβは、日中、起きているときは増加し、夜間、眠っているときは減少することを突き止めました。さらに、このグループは、人間の場合も睡眠の効率が悪いほどアルツハイマー病になりやすい傾向があることを示し、このことからネズミの脳と同様のことが人間でも起きているのではないかと推測しています。こちらは、まだ決定的だとはいえませんが、しっかりと睡眠をとることがアルツハイマー病の予防に役立つ可能性は十分に考えられます。

タイタンの生命

アシモフの『もの言う石』のようなケイ素化合物を中心にした生命は不可能なので、地球外生命がいるとしたら、それはやはり炭素を中心にした有機化合物でできている可能性が高そうです。ただし、有機化合物を溶かす液体のほうは、水に限定する必要はありません。地球の生命体とはまったく異なる水以外の液体で命をつなぐ生命がいても何の不思議もありません。

実は今、こうした性質を持った生命が実際に存在するのではないかと注目されている天体があります。それが、土星の衛星のタイタンです。もしタイタンに生命がいたとしたら、それは地球上の生命とはまったく違うタイプの生き物であるはずなのです。

探査衛星のカッシーニが写したタイタンの地形は、世界中の研究者を驚かせました。タイタンの表面には湖が広がっていたのですが、その地形は地球とそっくりだったのです。何も聞かされずに写真を見たら、おそらくスカンジナビア半島のあたりだと思う人が多いでしょう。

ただし、タイタンも太陽から遠く、極寒の地です。水はたちどころに凍ってしまいます。なぜ、液体の湖が存在するかというと、これは水ではなく液体メタンだからです。メタンは地球上では気体ですが、極寒のタイタンでは、ちょうど液体になるのです。し

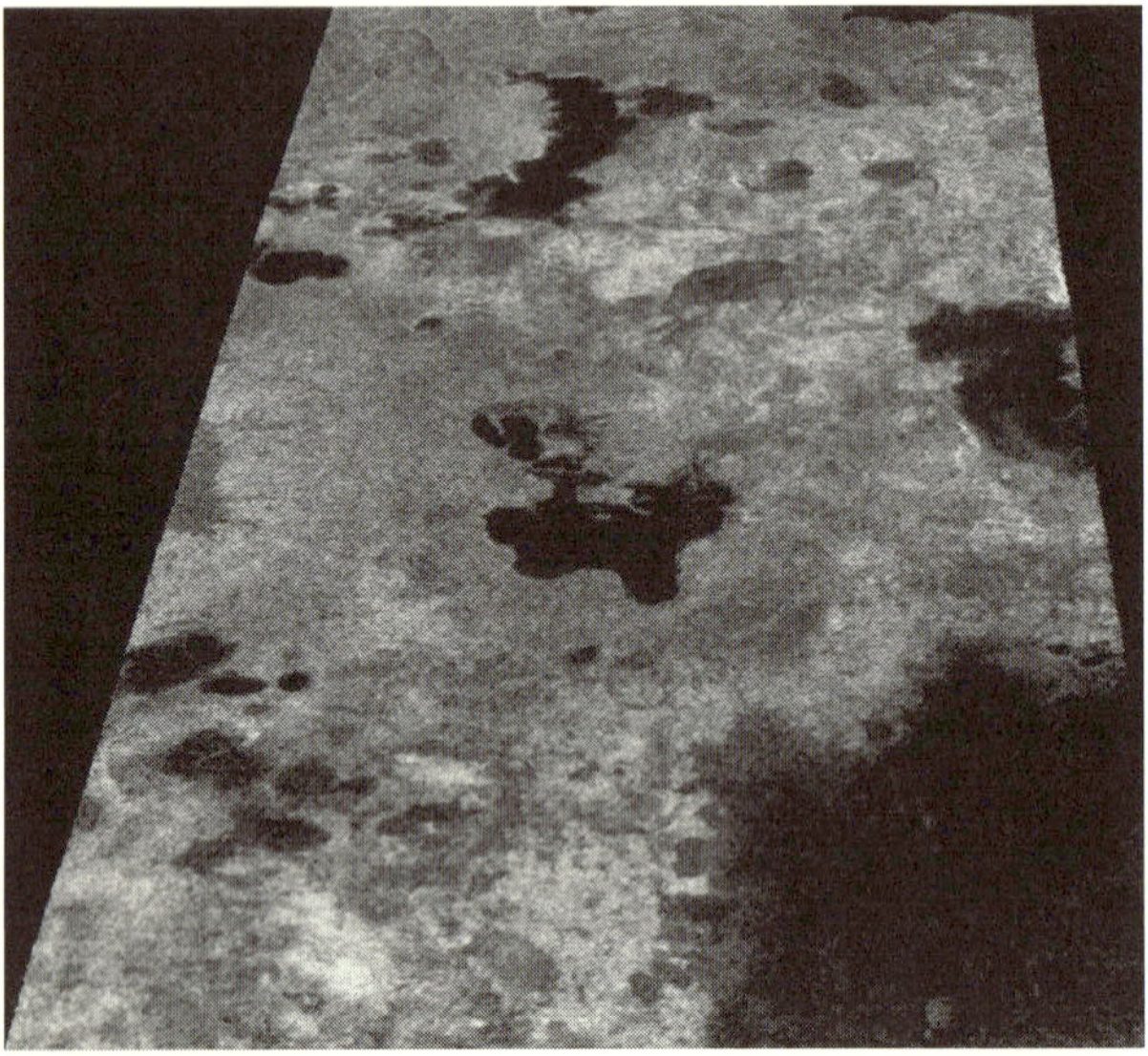
タイタンの湖（NASA）

かも、地球上の水と同じように、タイタンではメタンが蒸発して、上空で雲になり、これが雨となって地表に降り注ぐことで、また湖に集まります。このようにタイタンでの液体メタンの循環は、地球での水の振る舞いに驚くほどよく似ています。

では、この章でお話ししてきた、必要な場所に必要な元素を液体に溶かして運ぶという生命の根幹にかかわる機能についてはどうでしょうか。液体メタンは疎水性なので、水に溶ける物質は溶けにくいのですが、逆に脂に溶ける物質は液体メタンにもよく溶けます。有機化合物については、水に溶けるものより脂に溶けるもののほうが多いので、生命活動を支える物質の候補は豊富にあるわけです。だから、この点についてもまったく支障はありません。

実際、タイタンの上空では、蒸発したメタンと大気中の窒素が反応し、かなり複雑な有機化合物まで作られていることがわかっています。その中には、液体メタンに溶けるものも数多く見つかっているのです。生命を生み出すための最低限の条件は満たされているといえるでしょう。このため、タイタンに生命が誕生していても何の不思議もないと主張する研究者も少なくありません。

NASAと欧州宇宙機関が2020年に共同で打ち上げを予定している「タイタン・土星系探査計画」では、タイタンの湖に実際に探査装置を浮かべ、生命の存在を探索するそうです。ひょっとしたら、地球上とはまったく仕組みの異なる生命が液体メタンの湖から発見されるかもしれません。もちろん、アシモフの『もの言う石』のような岩石でできている生物である可能性はほとんどありませんが、それと同じくらいの驚きと感動を与えてくれるのは間違いないと私は期待しています。

第３章

宇宙生物学最大の謎
アミノ酸の起源を追う

アルマ望遠鏡で発見が期待される宇宙空間のアミノ酸

宇宙生物学（アストロバイオロジー）が挑んでいる最大のテーマの一つが、生物を生み出すアミノ酸が宇宙のどこでできたのかを解明することにあります。南米のチリのアタカマ砂漠にある標高5000メートルの高原では、巨大なパラボラアンテナを66台も設置する壮大なプロジェクトがスタートしています。このうち50台は、直径が12メートルと単独でもかなりの大型ですが、すべてを同時に稼働させると、なんと直径18・5キロメートルに及ぶ途方もなく巨大な電波望遠鏡と同じ精度で宇宙の観測ができるようになるのです。これが、今、世界中の天文学者が注目しているアルマ望遠鏡です。

宇宙生物学の分野で、アルマ望遠鏡に期待されているのが、暗黒星雲におけるアミノ酸の発見です。宇宙には、高密度のガスや塵《ちり》がただよう暗黒星雲と呼ばれる領域がありま す。暗黒星雲は背後にある恒星から飛んでくる光を遮るので、普通の光学望遠鏡の場合、いくら高性能でも、その名のとおり、暗黒にしか見えません。しかし、目に見える可視光線より波長の長いマイクロ波と呼ばれる電波は、塵をかいくぐる性質があるので、暗黒星雲からも飛んできます。それをパラボラアンテナで受信し周波数を調べると、暗黒星雲に何があるのかがわかるのです。

アルマ望遠鏡（Credit: Clem & Adri Bacri-Normier 〈wingsforscience.com〉/ESO）

暗黒星雲は、生命のゆりかごとも呼ばれ、生命の元になる物質が数多く生み出された舞台となっているのではないかと注目されています。すでに、水、一酸化炭素、アンモニア、ホルムアルデヒド、メチルアルコール、青酸など、生命の誕生につながる可能性のある物質が次々に見つかっています。ただし、多くの研究者が、今、最も見つけたいと思っているのは間違いなくアミノ酸でしょう。

もし地球上の生命の構成要素であるアミノ酸が暗黒星雲から見つかれば、太陽系の外にも数多くの惑星で生命が誕生しているという可能性が一気に広がります。今までＳＦ小説の世界にすぎなかったことも、一転して現実味を帯びてくることになるわけです。このように生命の成り立ちを知るうえで大きな意義を持っているだけに、アミノ酸は他の物質とは比べ物にならないくらい発見が重視されているのです。

電波望遠鏡を使ってアミノ酸を見つけ出そうとする取り組みは、かれこれ50年以上も前から行われています。私自身も、医学部に再入学する前、工学部に在籍していたときに、こうした研究プロジェクトに参加していた経験があります。そのときに痛感させられましたが、アミノ酸の検出はとても難しく、実際、今日に至るまで誰ひとり成功していません。しかし、そんなアミノ酸も、従来のものと比べてけた外れに精度が高いアルマ望遠鏡なら発見が可能だろうと期待が集まっているわけです。

では、アミノ酸の存在が、どうして生命の誕生に結びつくのでしょうか。それは、生命の活動の根底を支える働きをしているのが、アミノ酸だからです。極端な言い方をすれば、生命とは、アミノ酸を組み合わせて作られた精密機械だと捉えることもできます。だから、アミノ酸がなければ、少なくとも地球上で生きているタイプの生命は、決して生まれることはありません。生命を生み出すうえで、アミノ酸の合成は避けて通れない最も重要なステップだといえるのです。

生命の基本はアミノ酸

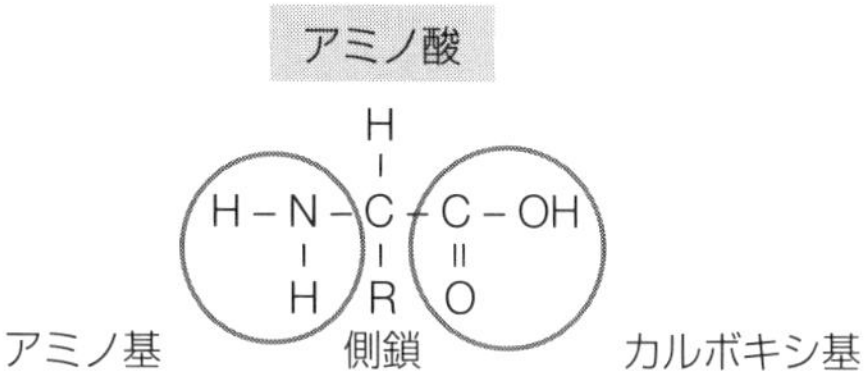

タンパク質を構成するアミノ酸の化学構造

生命がアミノ酸を基盤として誕生したのは、偶然ではありません。アミノ酸は生命体を設計するうえで、これ以上はないといえるぐらいおあつらえ向きの性質を持っているのです。

アミノ酸は、ひとつの分子の中にカルボキシ基（$-COOH$）とアミノ基（$-NH_2$）の両方を持っています。このアミノ酸が鎖状につながったものがタンパク質です。生命体は、タンパク質を使って構造や機能の大部分を作り上げているので、その基本単位となるアミノ酸は生命活動の根幹だといえます。

炭水化物、脂肪、タンパク質が三大栄養素と呼ばれるものですが、人間は植物と動物を食べて生きているので、この3つは生命体を構成する三大成分だと言い換えることもできます。タンパク質を炭水化物や脂肪と比較した場合、特筆すべきは窒素原子を含むということです。

炭水化物も脂肪も、バリエーションに富んださまざまな分子がありますが、基本的な構造は、炭素原子が分子の骨格となり、そこに酸素と水素が結合したものです。ところが、タンパク質を構成するアミノ酸だけは、窒素原子を中心にしたアミノ基（$-NH_2$）が構造の中核を担っています。

生命にとって、窒素を利用するというのは、そんなにたやすいことではありません。地球の大気には窒素分子（N_2）が78％も含まれていますが、空気中の窒素分子からアミノ基を作ることは一部の細菌を除けば不可能です。実際、私たちが植物を育てるためには、肥料として窒素化合物を与える必要があります。もし、窒素原子を必要としない化合物でタンパク質の代わりができたら、地球は生命にとってもっと繁殖しやすい環境だったことでしょう。

にもかかわらず、生物が窒素原子を中核にすえたアミノ酸に生命活動の根幹を担わせるようになったのは、それなりの理由があったからです。それは、窒素原子に炭素原子や酸素原子ではマネのできない特別な性質があるということです。

窒素原子は、図のような電子軌道となっており、3ヵ所で他の原子と共有結合を作ります。電子はひとつの軌道に2つ入ると安定するため、それぞれの原子がひとつずつ電子を出しあって2個にすることで結合するのが一般的な共有結合です。

注目していただきたいのは、窒素の場合、すでに電子が2個入っている軌道もあることです。これは孤立電子対と呼ばれ、すでに電子は充足しているので、ほかの原子とおたが

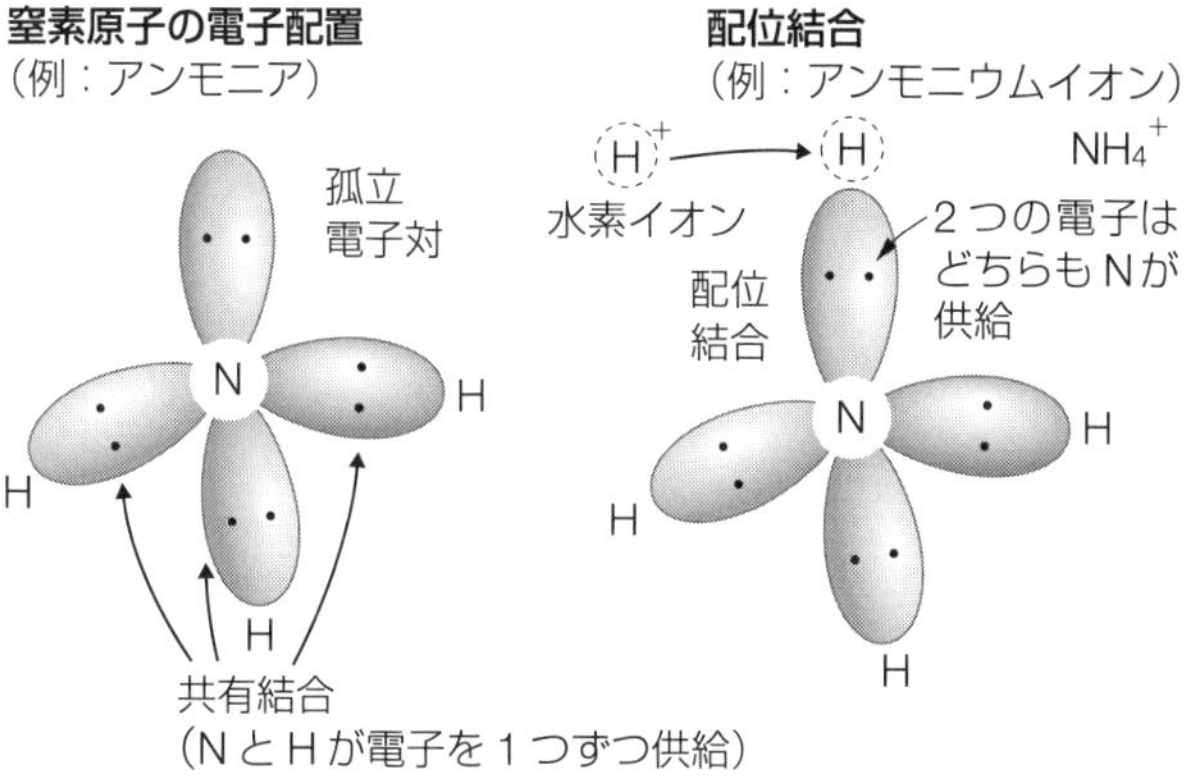

窒素原子の電子配置と、配位結合したアンモニウムイオンの電子配置

いに電子を出しあって共有結合を作るということはありません。ただし、生命にとって重要なのは、水素イオン（H^+）と特別なタイプの共有結合を作る性質があるということです。

液体の水（H_2O）は、一定の割合で水素イオン（H^+）と水酸化物イオン（OH^-）に分離していますが、このうち水素イオンが窒素原子の中の電子が2つ入っている軌道を使って共有結合を作ることがあるのです。水素イオンは、もともと電子が足りない状態なので、これで電子の収支は合います。このように、結合のために必要な2個の電子を片方の原子だけが供給するタイプの共有結合を配位結合といいます。生命体の中でも、アミノ基が水素イオンと配位結合している場合が少なくありません。

水素イオンと結合できるというのは、生命にとってとても重要なことです。なぜかというと、これが塩基としての性質そのものだからです。最も古典的なアレニウスの定義では、水素イオン（H^+）を出すのが酸、水酸化物イオン（OH^-）を出すのが塩基だとされていますが、これを拡張したブレンステッド・ローリーの定義では、水素イオン（H^+）を受け取るものが塩基だとされています。

実は、炭素、酸素、水素だけで分子を設計した場合、酸は容易に作ることができますが、塩基はきわめて困難です。実際、生命が利用している有機物質の構造にも、カルボキシ基（$-COOH$）、ヒドロキシ基（$-OH$）、メチル基（$-CH_3$）など、酸の性質を持つものは豊富にあるのに、塩基はというとほぼ皆無です。

しかし、細胞の中でバラエティ豊かな化学反応を起こそうと思ったら、酸とともに塩基も必要となります。そこで生命は、少々無理をしてでも、窒素原子を含むアミノ基を利用する必要があったわけです。

アミノ酸の優れたところは、ひとつの分子の中に酸の性質を持つカルボキシ基と塩基の性質を持つアミノ基の両方を持っていることです。これにより、アミノ酸同士がそれぞれのカルボキシ基とアミノ基との間で引かれ合い、さらにカルボキシ基からOHが、アミノ基からHが外れて脱水縮合することで、鎖のようにつながることができるのです。こうして数多くのアミノ酸が一列に数珠つなぎになることで、巨大な分子ができあがります。これがタンパク質なのです。

分子をただつなぎ合わせるだけなら、方法はいくらでもあります。しかし、カルボキシ基とアミノ基との脱水縮合の場合は、生命にとってコントロールしやすい化学反応だという特長があるのです。必要があれば、適切な酵素のもとで水を加えるだけで、一度くっつけた結合を切り離すこともできます。このような性質があるからこそ、生命はアミノ酸を材料にして、タンパク質という巨大分子を自由自在に合成できるのです。

しかも、生命にとっては、タンパク質を使うことに、大きな利点がありました。呼吸や代謝といった生命活動は、非常に複雑な化学反応が無数に組み合わされて成り立っています。生命はこれを上手に制御しないといけないため、生命体を作り上げるための材料ものすごく多くの種類が必要です。高度な精密機械を製造するには膨大な種類の部品が必要なのと同じです。それにうってつけだったのがタンパク質だったのです。

人体の場合は、なんと10万種類に及ぶタンパク質が体内で利用されています。もちろんタンパク質の種類が異なれば、体内で発揮できる機能も異なります。人体が高度な能力を実現できた最大の理由は、これほど多くの種類のタンパク質という部品を使いこなすことができたためです。

人間のスゴいところは、10万種類ものタンパク質をたった20種類のアミノ酸から作っているということです。材料の種類が少なくても、組み合わせる個数を増やせば、バリエーションの数は爆発的に増大します。たとえば、たった4つのアミノ酸の組み合わせでも20の4乗＝16万種類に及びます。小さいタンパク質でも100種類ぐらいのアミノ酸がつながっているので理論的には20の100乗のタンパク質を作ることができる計算になります。少ない材料で膨大な種類の部品を作れるわけですから、生命にとってこんなに都合のいいことはありません。

タンパク質の構造

私は、アミノ酸とはレゴによく似ていると思います。レゴとは、デンマーク生まれのおもちゃで、直方体のブロックを組み合わせることで、いろいろな形を作り上げることができます。私も子どものころは、お城や家をレゴで作ったものです。

レゴの魅力は、使用するブロックの種類は少なくても、数多くのブロックを使って組み合わせれば、どんな形のものでも作れてしまうということです。生命の場合は、この一個一個のブロックの役割を担っているのがアミノ酸です。たった20種類のアミノ酸でも、組み合わせさえ変えれば、ありとあらゆる形をデザインできます。だから生命はさまざまなタンパク質を作り上げることができ、細菌から人類に至るまでじつにバラエティに富んだ形態を生み出せたわけです。

生命体の中でタンパク質が果たす役割は、形態を作り上げることだけではありません。むしろ、それ以上に重要だといえるのは、さまざまな機能を担い、生命活動を支えることです。

細胞の中で繰り広げられる複雑な化学反応は、酵素によってコントロールされていますが、この酵素もタンパク質でできています。また、細胞膜の内と外で水を出入りさせたり、ナトリウムイオンやカリウムイオンを移動させることも生命の活動にとって必須ですが、たいせつな水やイオンの通り道もタンパク質でできています。生命が必要なものを必要なときに必要な量だけ細胞膜を出入りさせられるのは、タンパク質が多様な機能を持っているからです。

こうした多種多様な機能を持つタンパク質が、一部を除き基本的な構造については、炭素、酸素、水素、それに窒素というたった4つの元素で構成されているというのは驚きです。普通に考えれば、化学的な性質は似通ってしまうはずです。にもかかわらず、タンパク質がさまざまな役割を発揮できるのは、その立体構造にカギがあるのです。

タンパク質はアミノ酸が鎖状に一列につながった構造をしていますが、それだけでは高度な機能は発揮できません。一列の鎖が細胞内で折りたたまれ、立体的な形態に仕上げら

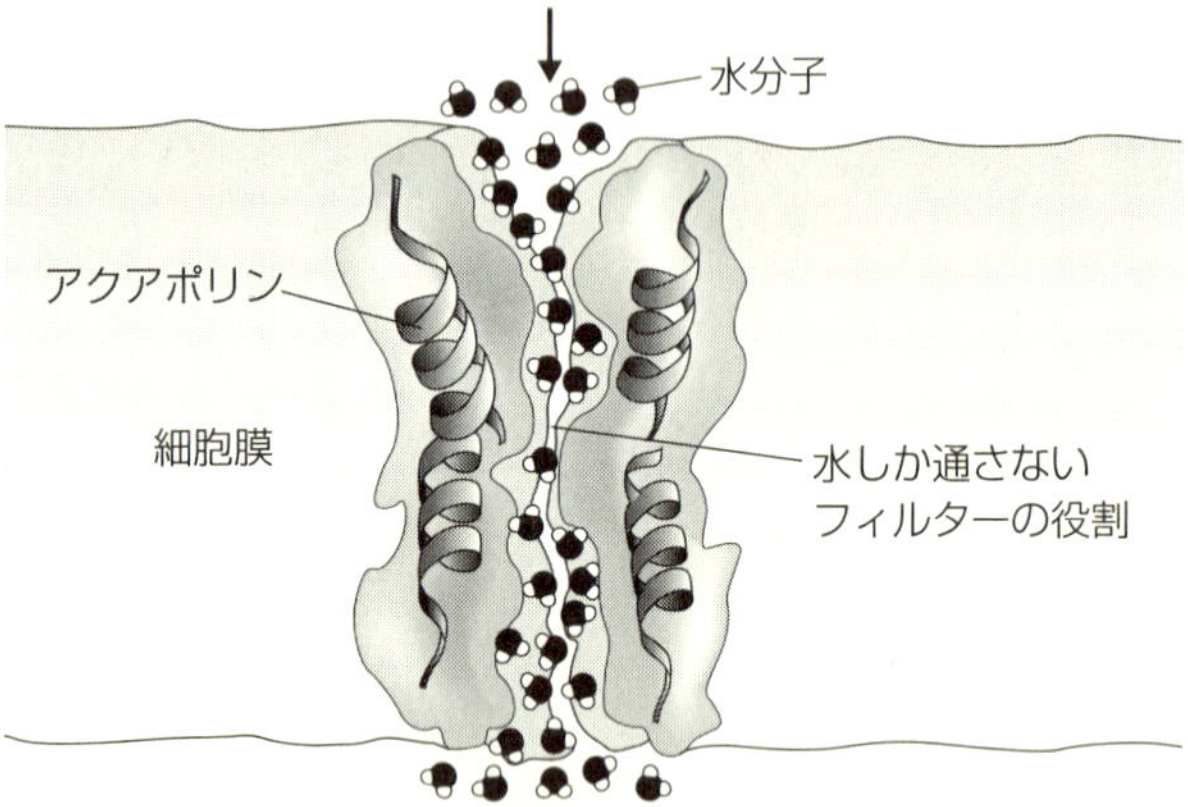

細胞膜にあるアクアポリンの立体構造

れることで初めて、それぞれの機能を発揮できるのです。

たとえば、細胞膜にはアクアポリンという穴があり、この穴を通して水を取り込んでいます。穴といっても、ただの空洞だったら、水以外にもさまざまな物質が勝手に通ってしまうので、細胞はたちどころに死んでしまいます。アクアポリンは水しか通さないので、私たちは生きていられるのです。

このアクアポリンは、１種類のタンパク質が４つ集まってできています。それぞれのタンパク質は一列に並んだアミノ酸の鎖が折りたたまれて立体的な固まりになっており、４つの固まりが組み合わされてトンネルの形を作っているのです。トンネルの壁の内側の部分には、水しか通さないための特別なアミノ酸の配列が表面に現れるように設計されているので、ほかの物質はアクアポリンを通過できないという仕組みです。

このように、一部、イオウを除けば、たった4種類の元素で構成されるタンパク質であっても、多種多様な機能を発揮できるのは、立体的な形態をうまく利用しているからです。

ミラーの実験

このようにアミノ酸は生命活動の根幹を担うたいせつな化合物ですので、生命が誕生するには、生命体の材料になるアミノ酸が周囲の環境に存在していることが必須の条件です。では、そもそも生命の元になったアミノ酸は、どうやって生み出されたものなのでしょうか。

以前は、原始の地球に雷が落ち、その放電のエネルギーでアミノ酸が合成され、これを元にして生命が誕生したと考えられていました。アミノ酸が合成されることを証明する実験も行われています。

米国の化学者、スタンリー・ミラーは、シカゴ大学の大学院生だった1953年、当時、原始地球の大気の成分だと考えられていたメタンやアンモニア、それに水素を混合し

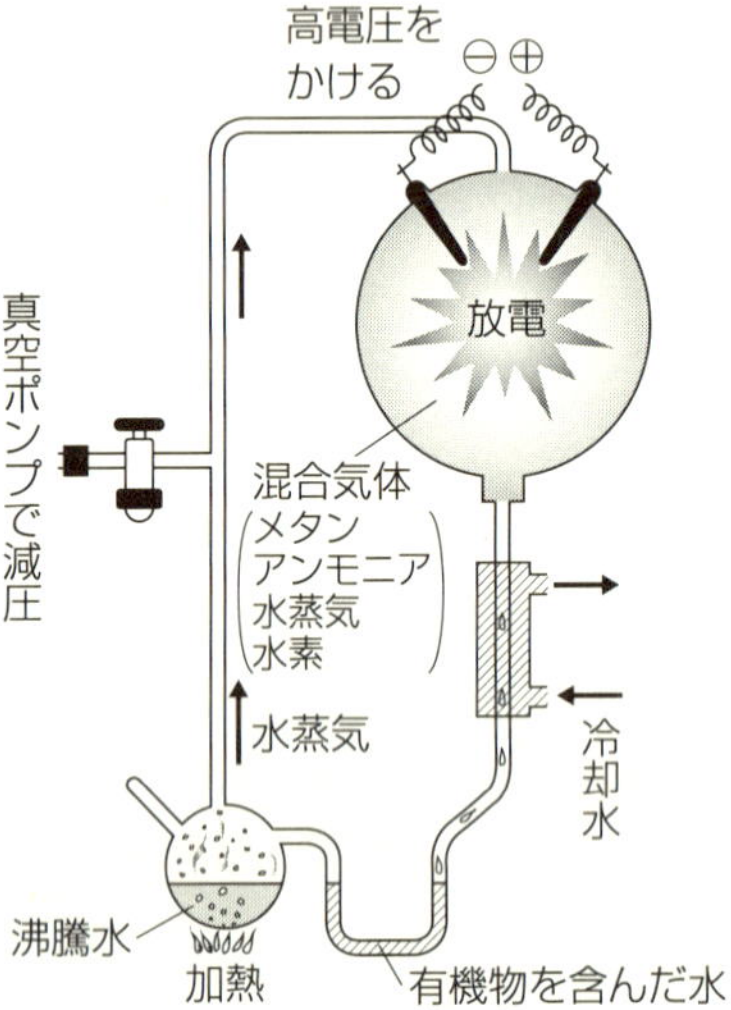

原始地球を模した条件で、有機物を人工合成することに成功した「ミラーの実験」

た気体に、数日間、1万ボルト以上の放電を続ける実験を行いました。放電をさせたのは、原始の地球で多発したと考えられる雷を再現するのが目的でした。その結果、グリシンやアラニンといった生命を構成するアミノ酸が合成されたのです。

ところが、後に原始の大気には、メタンやアンモニアは含まれていなかったことがわかり、ミラーの説はかなり怪しくなってきました。それに代わって現在では、生命の元になったアミノ酸は、地球上ではなく宇宙空間で合成されたものだという説がにわかに浮上しつつあります。

実際、宇宙からやってきた隕石の

中からアミノ酸が見つかるというのは珍しいことではありません。ただし、隕石から有機化合物が発見されたからといって、すべて宇宙から来たものだと断定はできません。実際、隕石を人が素手で触れれば、アミノ酸が検出されてしまいます。指にあるアミノ酸が隕石の表面に引っ付いてしまうからです。また、ホコリや花粉が付着する可能性もあるでしょう。このため、50年以上前の研究は信憑性が疑われています。

しかし、1969年にオーストラリアのマーチソン村で見つかった隕石については、隕石の外側だけでなく、地球の環境とは触れていない内部からも、グリシン、アラニン、バリン、ロイシンといったアミノ酸が見つかりました。その後もさまざまな隕石からアミノ酸が見つかり、少なくとも太陽系ではアミノ酸が宇宙に存在しているという説が幅広く支持されるようになってきています。

ただし、宇宙にアミノ酸が存在するということと、それが元になって生命が誕生したということの間には、大きな開きがあります。宇宙でできあがったアミノ酸が現在の生命を生み出す直接の材料になったかどうかについては、まだ決着がついておらず、研究者の間で論争をよんでいます。

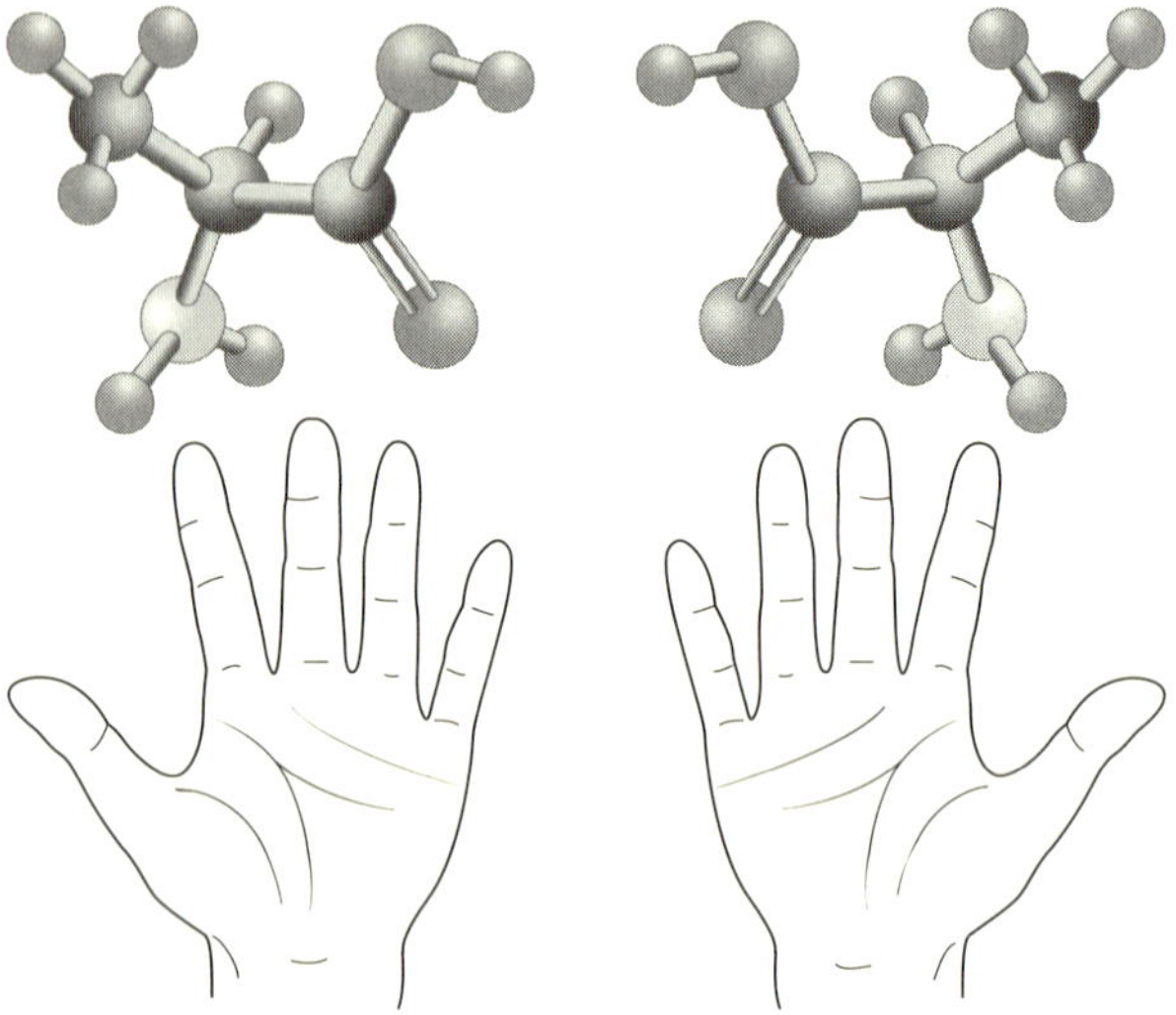

鏡像関係にある左型アミノ酸と右型アミノ酸（アラニンはアミノ酸の一種）

生命の神秘、アミノ酸は左型のみ

宇宙で誕生したアミノ酸が生命の元になったという説には、大きな強みがあります。そう考えると、アミノ酸が抱える大きな謎をうまく説明できるからです。実は、人間も含め、地球上の大半の生命は、ある特徴を持ったアミノ酸しか使用していないのです。これは生命の七不思議とも呼ばれ、長い間、大きな謎として研究者を悩ませ続けてきました。

アミノ酸には右型と左型の2種類のタイプがあります。あなたの右手と左手を並べてみてください。たがいに鏡に映した像の形態になっていますね。これを鏡像対称といいます。

　実はアミノ酸にも、図のように鏡像対称になっている2種類のものが存在し、それぞれ右型と左型といいます。試験管の中で普通に化学反応をさせてアミノ酸を合成すると、右型と左型は、ちょうど50％ずつできあがります。放電によって合成したミラーの実験でも、できあがったアミノ酸は右型と左型が半々でした。

　ところが、不思議なことに、この地球上で生きている生命は、大半が左型のアミノ酸だけしか利用していないのです。細菌から人間に至るまで、利用されているのは左型のアミノ酸に集中しているのです。もし、生命の元になったアミノ酸が放電や化学反応によって地球上で誕生したとしたら、こうした事実はじつに不可思議なことです。

　しかし、宇宙で誕生したアミノ酸から地球上の生命が誕生したと考えれば、都合の良いストーリーが組み立てられます。実は、もともと太陽系には、左型のアミノ酸のほうが多かったと考えられるのです。実際、現在でも、宇宙からやってくる隕石を分析すると、左型のアミノ酸が多いことが確認されています。

　たとえば、先ほどお話ししたマーチソン村の隕石の場合、アラニンというアミノ酸は左型が右型より30％多いという分析結果でした。生命が誕生する初期の段階で左型のアミノ酸が多少なりとも多ければ、進化の競争の中で左型を利用する生命のみが生き残って繁栄したというストーリーが考えられます。

生命を構成するアミノ酸は太陽や太陽系より歴史が古い？

では、そもそもどうして、太陽系には左型のアミノ酸のほうが多くなったのでしょうか。その答えは、円偏光と呼ばれる特殊な性質の紫外線にあるという説が注目を集めています。

紫外線も含め光や電波は電磁波と呼ばれ、その名のとおり電場と磁場の波が伝わっていく現象です。電磁波の中には、波が伝わっていくときに振動する向きが円を描きながら回転するという特殊なタイプがあり、これを円偏光といいます。波が回転する方向が右向きなら右円偏光、左向きなら左円偏光というのですが、右円偏光の紫外線が当たれば右型のアミノ酸が壊され、左円偏光の紫外線が当たれば左型のアミノ酸が壊されることが、実験で確認されています。

どうやら太陽や太陽系ができる前には、宇宙の中のこの領域では、右円偏光の紫外線が多く放射されていたようなのです。これにより右型のアミノ酸だけが壊れたため、比較すると左型が多くなり、それが現在の生命にも受け継がれていると考えれば、矛盾なく説明が可能です。

もし、この説が正しければ、生命の起源となったアミノ酸は、なんと46億年前に誕生した太陽や太陽系よりもさらに古いということになるわけです。なんとも壮大なロマンを感じさせてくれます。

アミノ酸は熱水鉱床でつながった！

生命が誕生するには、ただアミノ酸が存在するだけでは不十分です。アミノ酸同士が結合し生命活動を担うタンパク質に成長しなければなりません。細胞の中では、粗面小胞体と呼ばれる小器官でこの作業が行われています。これはかなり高度な機能で、自然の中でアミノ酸同士が勝手にくっついてタンパク質ができるということはありません。

では、38億年前に生命が誕生したときには、アミノ酸はどうやって結合してタンパク質ができあがったのでしょうか。

今、生命を誕生させたゆりかごとして注目を集めているのが、熱水鉱床と呼ばれる場所です。熱水鉱床とは、文字どおり海底から熱水が噴き出し、熱水に含まれる成分が冷却され沈殿することにより鉱床になるというものです。マグマ活動が激しい場所に海水が染み込むことで熱水が生み出されます。

この熱水鉱床では、アミノ酸同士が自動的に結合することがわかっています。海底の熱水鉱床では、高温高圧のため、水は超臨界という特別な状態になっています。これにより、脱水縮合反応と呼ばれる反応が起き、アミノ酸がつながるのです。たとえば、水深3000メートルの海底では407℃を超えると、こうした現象が起きます。

もちろん、このような高温では、生物は生きられません。しかし、温度が高いのは、熱水が噴き出てくるところだけです。熱水鉱床からほんの少し離れただけで、温度は一気に低下しています。だから、熱水の中でアミノ酸が脱水縮合反応を起こしてつながり、熱水鉱床から噴き出たとたんに冷やされ、これが生命の誕生に利用されたというストーリーが考えられるわけです。

もし、海底の熱水鉱床が本当に生命誕生の舞台だとしたら、地球外生命が存在する場所として、がぜん、期待が高まるのが、木星の衛星のエウロパです。エウロパには広大な海があり、しかも海底には熱水鉱床が広がっている可能性が高いからです。

太陽から木星やエウロパまでの距離は、太陽から地球までの距離の5・2倍もあります。このため、太陽から届く日光のエネルギーは地球と比べわずか27分の1しかなく、エウロパは極寒の地です。だから、水は豊富だといっても、表面は氷に閉ざされています。しかし、その氷の下には、暖かい広大な海が広がっているということがわかってきました。エウロパは、巨大な木星の潮汐力によって内部から温められているからです。

エウロパは、楕円軌道を描きながら、木星の周りを回っています。楕円軌道ですので、木星に近づいたり遠ざかったりを繰り返しています。その距離の差によって、衛星全体が木星の巨大な重力でこねられるような力が働くのです。粘土をこねると発熱するように、エウロパ全体も内部から熱を発しているわけです。

しかも、エウロパの内部に熱源があるわけですから、エウロパの海底に熱水鉱床が広がっていてもおかしくありません。さらに、熱水鉱床のエネルギーを利用すれば、たとえエウロパの深海に太陽光が届かなくても、生命は活発に繁殖することができます。

実際、太陽光が届かない地球の深海でも、熱水鉱床の周辺では、そのエネルギーを利用して生命が豊かに育まれています。これと同じことがエウロパの海底で起こっていても不思議はありません。かなり進化した多細胞生物が生きていると考える研究者も少なくないのです。

アミノ酸の利用でオシッコが必要になった！

お話ししてきたように人体はアミノ酸を組み合わせて多様なタンパク質を作り上げることにより、高度な機能を発揮できるようになったのですが、これと引き換えにひとつだけ面倒な作業が必要になりました。それは、排尿、つまりオシッコを頻繁にしなければならなくなったことです。

炭水化物、脂肪、タンパク質が人体の主なエネルギー源となる三大栄養素なのですが、そのうち、炭水化物と脂肪は、ほとんどが炭素と水素と酸素でできています。どちらも体内で燃焼させると、二酸化炭素と水になります。このうち、二酸化炭素は吐く息とともに体外へ簡単に捨てることができます。一方、水は人体にとっても必要な成分なので基本的には体内に保持しておき、あまった少量の水だけを、やはり吐く息とともに水蒸気として捨てれば十分です。排尿をするにしても、それほど頻繁に行う必要はありません。

しかし、タンパク質だけは、まったく事情が違うのです。アミノ酸が窒素原子を含むため、窒素原子の代謝物だけは、どうしても吐く息とともに捨てるということができません。窒素を燃焼させると一酸化窒素や二酸化窒素になりますが、どちらも深刻な大気汚染の原因となる物質です。とてもじゃないですが、こんな分子を肺から大量に出していたら、肺胞も気管支もボロボロになってしまいます。

そこで人体は、いらなくなったアミノ酸の窒素原子を尿素という形に変え、尿に溶かして体外に捨てています。もちろん、尿は、このほかにも塩素やナトリウム、それにカリウムやマグネシウム、さらにリン酸など、血液中にたまるさまざまな老廃物を水に溶かして捨てています。だから、仮に人体がアミノ酸を使っていなかったとしても、やっぱり排尿自体は不可欠だったでしょう。しかし、尿素に比べれば、それ以外の老廃物の量ははるかに少ないので、これほど立派な腎臓は必要なかったし、もっと少ない水分の摂取で生きることもできたはずです。

実際、私たちの尿を分析すると、平均して98％が水分、２％が尿素で、足し算するとこれだけでほとんど１００％になります。つまり、不要になったアミノ酸の窒素原子を貴重な水に混ぜて捨てているというのが私たちの尿の実態なのです。

腎臓の病気になり尿を作る機能が低下すると、血液中に老廃物がたまり、全身に悪さをします。これが尿毒症と呼ばれるものです。

その中でも特に深刻なのが、不要になったアミノ酸の窒素原子をうまく捨てられなくなることです。体内では不要となったアミノ酸の窒素原子からアンモニアが作られ、それを肝臓で尿素に作り変えているのですが、尿素が捨てられなくなると、このプロセスに渋滞が生じ、途中でできるアンモニアが体内にたまってしまいます。

理科の実験でアンモニアの臭いを嗅いだ経験があるかもしれませんが、思わず顔をそむけたくなる嫌な臭いです。なぜ、私たちは嫌な臭いに感じるかというと、鼻やノドの粘膜に対して刺激性が強く、濃度が高ければ炎症を起こしてしまうからです。そんな成分が体内に増えてしまったら、人体はたまったものではありません。

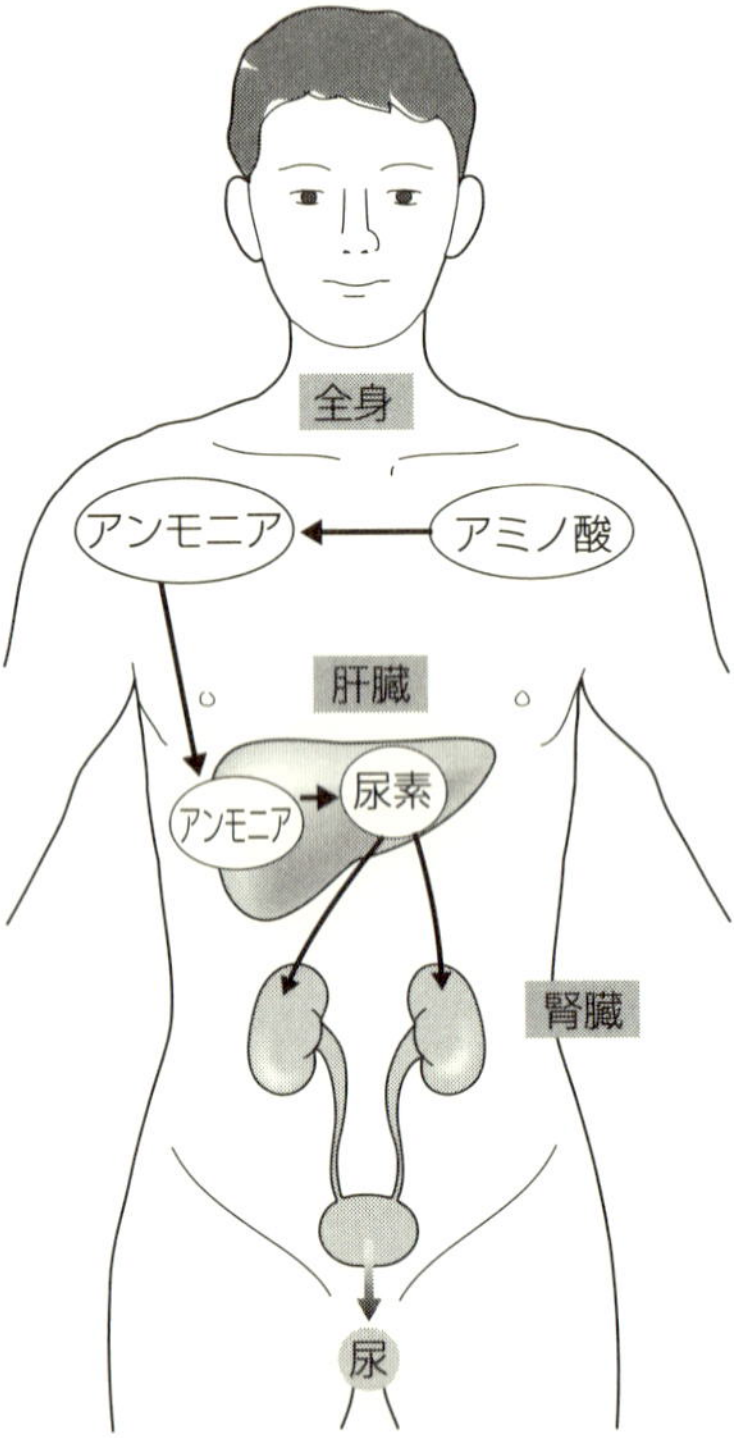

窒素原子の廃棄の流れ。不要となったアミノ酸からアンモニアが生成され、それが肝臓で尿素に変えられ、腎臓をへて尿として排出される

中でも特に深刻なダメージを受けるのが脳です。実際、アンモニアの濃度が高まると、脳の神経細胞が正常な機能を果たせなくなり、昏睡状態に陥ってしまいます。もし、吐く息からアンモニアの臭いがしたら、腎不全や肝不全の可能性があるので、重症化する前に病院で検査を受けてください。

ちなみに、トイレの便器がオシッコくさいのは、アンモニアの臭いです。ただし、健康な状態であれば、尿にはアンモニアは含まれていません。なぜなら、有害なアンモニアは肝臓でたちどころに無害な尿素に作り変えられ、それが尿と一緒に捨てられるからです。尿素は無臭なので、排尿したばかりの健康なオシッコからは、アンモニアの臭いはしないわけです。

便器が臭うのは、便器に特別な細菌が棲み着いているためです。細菌がオシッコに含まれている無臭の尿素を代謝して、くさいアンモニアを作っているのです。人体はエネルギーを使って肝臓で有害なアンモニアを無害な尿素に作り変えているのですが、細菌はその逆のことを行うことによりエネルギーを取り出して生きているわけです。トイレからアンモニアの臭いがしたら、それは細菌が繁殖している証拠なので、しっかりトイレ掃除をしたほうがいいでしょう。

炭水化物抜きダイエットの落とし穴

生命とアミノ酸との深いかかわりについてお話ししてきましたが、ここからは、最近、流行している炭水化物抜きダイエットが、人体にとって良いものなのか悪いものなのかを分析していきます。炭水化物抜きダイエットなんてアミノ酸と関係ないじゃないかと戸惑われた方が多いと思いますが、そうではないのです。実は、このダイエット法がうまくいくか、それとも健康を損ねてしまうのか、そのカギを握るのがアミノ酸の性質だったのです。

ここまでお伝えしてきたアミノ酸に関する知識を動員すれば、炭水化物抜きダイエットの光と闇が浮き彫りになります。そうして本質を理解したうえで実践すれば、危険を回避しながら、健康に望ましい効果だけを取り入れることが可能になるのです。

炭水化物抜きダイエットとは、米やパン、それにパスタといった炭水化物をとらず、その代わり肉や魚を好きなだけ食べていいというダイエット法です。意志が弱い人も、それほど苦痛がなく痩せられるということで、スリムになりたいと願う若い女性やメタボに悩む中高年の男性を中心に人気を集めています。

確かに、摂取する炭水化物を減らすということには、私も含め、多くの医師が賛同しています。実際、炭水化物抜きダイエットの有効性を実証した研究も発表されています。

ネゲフ・ベングリオン大学（イスラエル）のアイリス・シャイ教授らは、２００５年から、肥満に悩む３２２人の被験者を対象に、脂肪を中心に摂取カロリーを減らす従来型のダイエット法と、炭水化物だけを集中的に減らすダイエット法を比較する研究を行いました。2年後に成果を比較したところ、従来型のダイエット法では平均して３・３キログラムしか減量できなかったのに対し、炭水化物を集中的に減らすダイエット法では５・５キログラムも体重が低下していました。

このように炭水化物抜きダイエットに、体重を減らす効果が期待できるというのは確かなようです。だったら、今からでも始めたいと思った方が多いでしょうが、ちょっと待ってください。問題は、それで健康が維持できるのかどうかということです。実は、炭水化物抜きダイエットについては、見過ごすことはできない心配な研究結果も次々に発表されているのです。

ウプサラ大学（スウェーデン）のパー・シェーグレン博士らが２０１０年に発表した論文によれば、９２４人の男性を対象に10年間にわたって炭水化物抜きダイエットなどの食事法が健康状態に及ぼす影響を調べたところ、パンやパスタをほとんど食べないといったいきすぎた炭水化物抜きダイエットを行うと死亡率が19％も増加していたということです。とりわけ心筋梗塞で死亡する危険性は深刻で、なんと44％も増加していたと報告しています。

一方、タフツ大学（米国）のホリー・テイラー博士らが２００８年に発表した研究によれば、炭水化物を極端に制限した食事を続けるとわずか１週間で脳機能にダメージが及び、記憶力の低下を招いてしまうということです。さらに、ハーバード大学（米国）のフランク・フー博士らが２０１０年に発表した研究では、最大で癌が23％増えるという結果が得られています。また、ワシントン大学（米国・セントルイス）のルイージ・フォンタナ博士らが２００６年に発表した研究では、とりわけ乳癌、前立腺癌、大腸癌の危険性が高まることがわかっています。このようにいきすぎた炭水化物抜きダイエットに健康を損なう危険性があるのは否定しようのない事実です。

見直されるＰＦＣバランス

三大栄養素と呼ばれるように、人体で必要となるエネルギーのほぼすべてがタンパク質、脂肪、炭水化物の3つから供給されています。この3つの栄養素をそれぞれどういった割合でとるのかを、ＰＦＣバランスといいます。英語だとタンパク質はProtein、脂肪はFat、炭水化物はCarbohydrateですので、その頭文字をとってＰＦＣバランスという名前がつきました。

従来は、タンパク質が15％、脂肪が25％、炭水化物が60％程度といったPFCバランスが理想的だとされてきました。また、厚生労働省が発表している日本人の食事摂取基準でも、タンパク質が9〜20％、脂肪が20〜25％、炭水化物が50〜70％が目安だとされており、おおむね、従来通りの見解が踏襲されています。

ところが、最近になって、実はもっと炭水化物を減らしてタンパク質を増やしたほうが健康の維持に望ましいという研究結果が次々と発表されてきました。特に中高年の場合は、炭水化物をとり過ぎると糖尿病になりやすく、現在のように食事が豊かになり摂取カロリーが増加している時代には、エネルギーの60％を炭水化物からとるという指針はそぐわないと指摘されているのです。

たとえば、ミネソタ大学（米国）のメアリー・ギャノン博士らが2004年に発表した研究によれば、多くの現代人が炭水化物のとりすぎによってインスリンの過剰な分泌を招いており、その結果、糖尿病や動脈硬化を招いているということです。このため、研究グループは従来からのPFCバランスを見直し、炭水化物の割合を低くしタンパク質の割合を高めるよう提唱しています。このほか、米国を中心に炭水化物を制限することの利点を示す研究結果が相次いで報告されています。

注目していただきたいのは、人類学の研究からも、炭水化物を減らしタンパク質を増やしたほうがよいのではないかという示唆が得られていることです。

エモリー大学（米国）のボイド・イートン博士は、旧石器時代の遺跡の発掘を通して得られたデータを元に当時の食生活を推定し、それを現在でも狩猟や採取をして暮らしている少数民族の食生活に照らし合わせることで、旧石器時代のＰＦＣバランスを求めました。それによれば、タンパク質が30％、脂肪が35％、炭水化物が35％で、やはり現在の食生活より炭水化物が大幅に低く、タンパク質は高いという結果でした。また、私たちホモサピエンスは約20万年前にアフリカで誕生して以来、長い間、こうした高タンパク、低炭水化物の食生活を続けており、炭水化物を豊富にとるようになったのは、1万2000年前に人類が農耕を始めてから後にすぎないということも明らかになりました。一方、私たちの遺伝子は、20万年の間、ほとんど変わっておらず、医師免許も持つイートン博士は、私たちの健康を守るうえでも、高タンパク・低炭水化物だった祖先の食生活を見習うべきだと訴えています。

ただし、注意していただきたいのは、ちまたで行われている炭水化物抜きダイエットは、こうした医師や研究者が推奨している食事のあり方からはかけ離れた実態になっているということです。穀物やパンなど主食をまったくとらず、おかずを好きなだけ食べるという過激なケースが多く見られます。この場合は、脂肪とタンパク質のとりすぎを招いてしまいます。

脂肪のとりすぎがメタボの原因になるのはいうまでもありませんが、タンパク質のとりすぎも、人体に害を及ぼします。その最大の問題が、アミノ酸に含まれる窒素原子の代謝にあるのです。なぜなら、エネルギー源として使用する場合、タンパク質は炭水化物に比べ、生命にとってははるかにやっかいなものだからです。

炭水化物は、基本的には炭素と水素と酸素だけでできています。このため、体内で燃焼させると、生み出される廃棄物は二酸化炭素と水のみです。どちらも人体には害はなく、エネルギー源としてとてもクリーンな燃料だといえます。

これに対し、タンパク質の場合、これを構成しているアミノ酸には、炭素と水素と酸素の他に窒素が含まれているため、燃焼させると、前述のとおり窒素原子を含んだ毒性の高い廃棄物も生み出してしまうのです。そこで人体は、こうした廃棄物を肝臓で代謝し、窒素原子を毒性の低い尿素に作り変えています。これを腎臓で尿と一緒に捨てているわけですが、エネルギー源としてタンパク質を利用する割合が高まるほど、体内では廃棄物である窒素化合物の代謝のために肝臓と腎臓に余計に負担をかけることになります。その分だけ、どちらの臓器も老化を早めてしまうわけです。クリーンなエネルギー源だといえる炭水化物とは大違いです。

材料のアミノ酸を補充するためタンパク質をとる

ただし、だからといってタンパク質をとるのをやめようなどとは思わないでください。人体の構造の半分近くはタンパク質でできています。また、代謝など生きていくための重要な機能を中心になって担っているのもタンパク質です。だから、その材料を補給するために、タンパク質はしっかりと摂取しなければなりません。

タンパク質を食べると、胃液に含まれるペプシンや膵液に含まれるトリプシン、キモトリプシン、カルボキシペプチダーゼなどの酵素で分解され、最終的にはアミノ酸が2個つながったジペプチド、またはアミノ酸が3個つながったトリペプチドとなり、小腸の壁から吸収されます。これらは、門脈を通って肝臓に運ばれ、そこで再びタンパク質に作り変えられて全身で利用されます。

吸収されたアミノ酸が身体の材料として使われる場合は、人体はできる限りアミノ酸のつながる順番を変えるだけで必要なタンパク質を作ろうとします。これが、身体にとって最も負担が少ないからです。レゴのたとえでいえば、ブロックを組み合わせて作られているお城を崩してバラバラのブロックにし、それを組み立てなおして飛行機を作るようなものです。お城と飛行機は形こそまったく違いますが、ブロックの組み合わせを変えるだけなので、それほど大変な作業ではありません。

ところが、タンパク質を燃料として使用する場合は、話が別です。レゴの例でいえば、お城をバラバラのブロックに分解したうえで、さらに一個一個のブロックを燃やしてしまうようなものです。どうしても汚い燃えカスが生じますが、これを処理しないといけないので、人体にとっては単なるブロックの組み換えよりはるかにやっかいな作業となってしまいます。燃料に用いる場合は、このように有害な物質を出すタンパク質よりは、クリーンなエネルギー源である炭水化物のほうが望ましいということです。

先ほど、極端な炭水化物抜きダイエットを行ってタンパク質を過剰に摂取すると、癌が増えるというハーバード大学のフランク・フー博士らの研究成果を紹介しました。なぜ癌が増えるのか、その詳しいプロセスはまだ解明されていませんが、アミノ酸の燃えカスとして窒素原子が含まれる何らかの発癌物質が体内で生じている可能性が指摘されていま す。

このように、身体を作り上げる材料としてのタンパク質は不足しないようにとる必要がありますが、エネルギー源としてタンパク質を燃焼させる量は、あまり増やすべきではありません。

特に注意していただきたいのは、糖尿病を患っている方です。糖尿病によって血糖値が高い状態が長期にわたって続くと、さまざまな合併症が現れます。その中でも特に多いのが、全身の神経が機能しなくなる糖尿病性神経障害、重症化すれば失明することもある糖尿病性網膜症、それに腎臓が尿を作れなくなる糖尿病性腎症の3つです。これらは、糖尿病の三大合併症といいます。

糖尿病の対策として、血糖値を上げてしまう炭水化物については、摂取量を減らすことが有効です。実際、炭水化物を制限することで、糖尿病の治療効果が高まったという研究も発表され、2008年には米国糖尿病学会でも食事療法のひとつとして認めるという判断が下されました。ところが、このニュースがメディアで報道されると、患者さんの中には、医師に相談せず、自己判断で極端な炭水化物抜きダイエットを行う人が現れました。

炭水化物を極端に減らし代わりにタンパク質を過剰に燃焼させると、窒素のゴミが体内にたまります。もし、糖尿病性腎症をすでに発病している方がそのようなことをすれば、窒素のゴミを尿と一緒に捨てることができず、まさに自殺行為です。また、仮に糖尿病性腎症を発病していなくても、腎臓に過大な負担をかけてしまうと腎機能の低下を加速させてしまいます。このため、日本糖尿病学会では、極端な炭水化物の制限には危険性があると警鐘を鳴らしているのです。

私自身も講演会やセミナーを通して、いきすぎた炭水化物抜きダイエットをやめるよう呼びかけています。ただし、ただ危険性を指摘するだけでは効果はあがりません。多くの方がアミノ酸はすばらしいものだからとりすぎても構わないものだと素直に思い込んでいるからです。そこで私は、本章で説明してきたように宇宙生物学から話をおこし、アミノ酸が生命にとって不可欠な物だからこそ、逆に無理をして利用しているという負の側面を理解してもらうように心がけています。このように説明すると、大半の受講者の方がいきすぎた炭水化物抜きダイエットに危険性があることを納得してくれるのです。宇宙生物学と医学を結びつけるという私の取り組みは、少なくともこの分野では、ささやかながら実際に役立っていると自負しています。

第4章　地球外生命がいるかどうかは、リン次第

NASAが地球外生命を発見した？

「NASAが地球外生命を発見したかもしれない……」

2010年12月、そんなニュースが世界を駆け巡りました。宇宙生物学の大発見があったとして、NASAが各メディアの記者を集めて緊急会見を開くことになったからです。宇宙生物学の大発見といえば、宇宙人とはいわないまでも、やはり地球外生命にかかわることだと思うのは当然です。さらにわざわざ緊急記者会見を開くわけですから、ちょっとやそっとの発見であるはずはなく、きっと火星で地球外生命が見つかったのではと、多くの記者がNASAに押しかけました。

しかし、NASAから発表されたのは、リンの代わりにヒ素を利用して生きることができる微生物が米国の湖で見つかったというものでした。これには、地球外生命を期待して集まった記者たちはガッカリ。人騒がせだとブーイングの声が上がりました。結局、発表された研究の中身というよりは、NASAがお騒がせ会見を開いたということが日本をはじめ世界中で大きく報道されました。ご記憶されている方も多いと思います。

ただし、NASAが発表した当初、宇宙生物学の研究者の間からは、逆にメディアに対して批判の声も上がりました。「もし本当にリンの代わりにヒ素を利用して生きることができる微生物が発見されたのなら、それは間違いなく宇宙生物学の大発見といえる。それを人騒がせだというメディアの記者は、まったく科学がわかっていない……」といった批判です。

これには、私もまったく同じ意見です。もしNASAの発表が正しいとしたら、生命体が地球だけでなく、宇宙のいろいろな場所に生息している可能性が大きく広がるのは、まぎれもない事実です。なぜ、そのようなことがいえるのか、カギを握っているのは、リンという元素が生命に果たす決定的に重要な役割です。リンと生命とが織りなす38億年に及ぶ深い因縁についてお話ししていきましょう。

地球上の生命体は、たった1種類？

以前から多くの生物学者が疑問に思っていたことがあります。それは、現在、地球上に生息しているありとあらゆる生命体が、おおざっぱにいうと同じ仕組みで生きているということです。つまり、極論すると、地球上で生きている生物はたった1種類だけだということになるわけです。

一見、地球上の生命は、じつにバラエティ豊かに感じます。生物学では、生命は大きく次の5つのグループに分類されます。バクテリア（細菌）、アメーバや藻類などの原生生物、キノコやカビなどの菌類、それに植物と動物の５種類です。地球上のすべての生物は、このどれかに入るわけです。

原生生物や菌類はあまりなじみがないかもしれませんが、バクテリアと動物や植物が形態も大きさもまったく違うというのは、どなたも納得できることだと思います。にもかかわらず、細胞が生きる基本的な仕組みについては、５種類ともすべて、驚くほど共通しているのです。

地球上のすべての生命体は、例外なくセントラルドグマ（中心原理）という仕組みで成り立っています。これは、ジェームズ・ワトソンとともにＤＮＡの二重螺旋構造を発見したフランシス・クリックが１９５８年に発表したもので、生命の遺伝情報はＤＮＡに保存されており、それがＲＮＡに転写され、さらにＲＮＡからタンパク質が翻訳され、糖や脂質など生命活動に必要な他の成分は、このタンパク質の機能を使って合成されるという生命の基本的な仕組みを指します。これによれば、生命の本質は本を正せばすべてＤＮＡにあるといえるので、中心であるＤＮＡが生命の大本だという意味で、セントラルドグマ（中心原理）と呼ばれるようになりました。

後にＤＮＡからタンパク質まで情報が一方通行のみで伝わるのではなく、一部、その逆の流れもあることがわかったのですが、驚くことに、今まで大筋でセントラルドグマとは異なる仕組みで生きている生物は、ひとつも見つかっていません。人間と植物とバクテリアは、まったく違う生物に見えるのに、どれも同じセントラルドグマで成り立っているのです。

もちろん、人間と植物とバクテリアでは、DNAによって伝えられる情報の中身はまったく違います。しかし、情報を伝えるセントラルドグマという仕組み自体は、ほとんど同じなのです。

リンはDNAの分子の中で重要な役割を果たしており、セントラルドグマの機能に不可欠な元素です。DNAはデオキシリボ核酸（deoxyribonucleic acid）の略で、糖の一種であるデオキシリボースとリン酸と塩基と呼ばれる物質が結合してできています。塩基にはアデニン、グアニン、シトシン、チミンという4種類があり、これが文字のような役目を担っているのです。生物の遺伝情報は、延々と鎖状につながっているDNAの塩基の配列として蓄えられているのですが、こうした機能を発揮するには情報の本体である塩基だけではなく、糖とリン酸も不可欠なのです。なぜかというと、隣同士の塩基はそれぞれの糖とリン酸が結合することによって数珠つなぎになっているのです。

これについては、RNAもほぼ同じです。RNAはリボ核酸（ribonucleic acid）の略で、やはり糖の一種であるリボースとリン酸と塩基と呼ばれる物質が結合してできています。

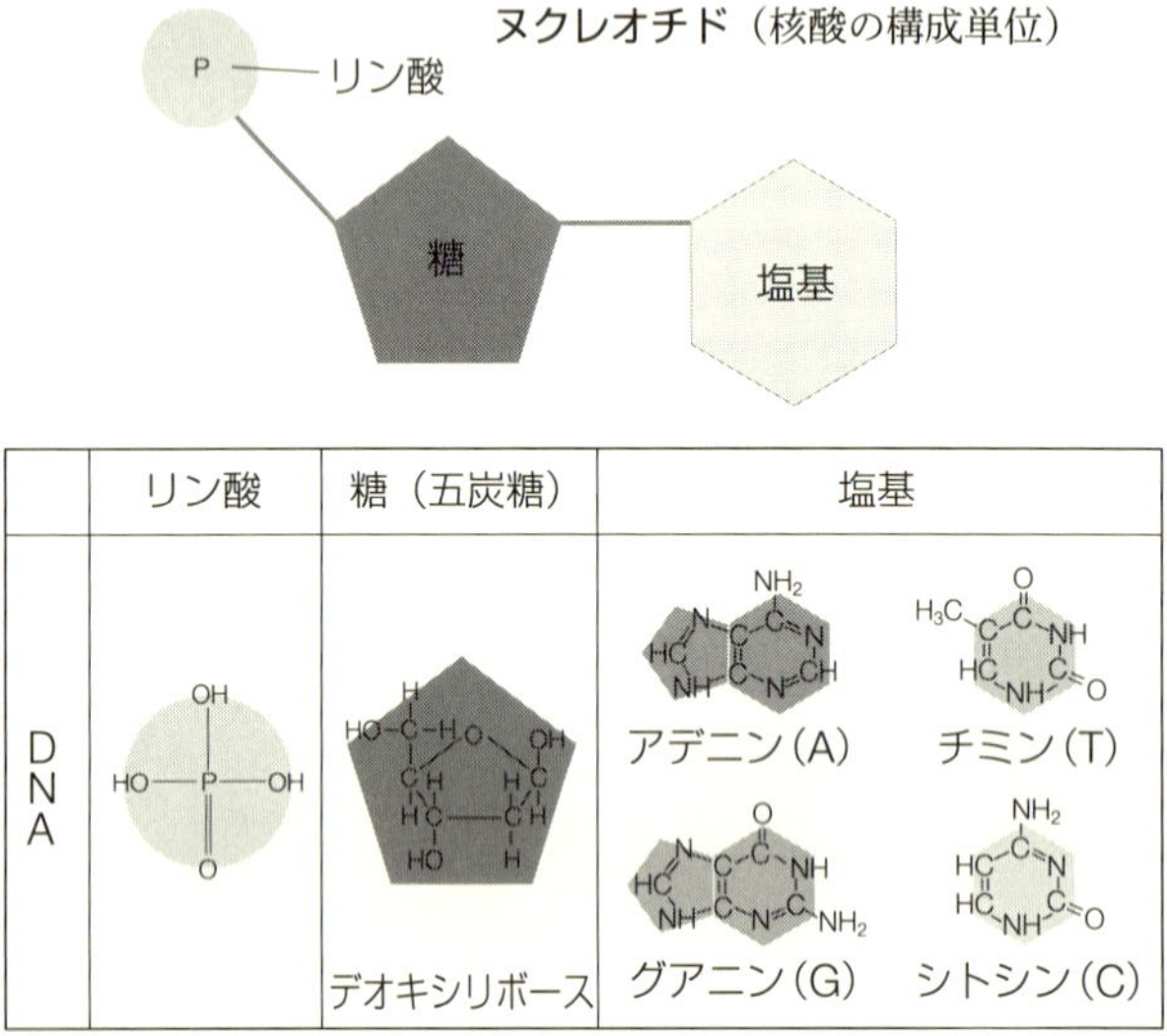

DNAのヌクレオチドの構造

DNAと違うのは、糖が酸素のひとつ少ないデオキシリボースではなくリボースであることと、塩基はアデニン、グアニン、シトシンが共通していますが、残りのひとつがチミンではなくウラシルであることです。それぞれ隣り合っている塩基が糖とリン酸を結合させることによってつながっていることもDNAと同じです。

　このように、DNAもRNAもリン酸がなければつながり合えないので、塩基は情報を担う文字としての役割を果たせません。つまり、リン酸の元になるリンという元素がなければ、セントラルドグマは必然的に破綻するわけです。だから、地球上のすべての生物は、リンなしには生きることができないのです。もし、NASAが当初発表したように、リンの代わりにヒ素で生きることができる微生物が見つかったとしたら、それはDNAやRNAとは違う物質を使って遺伝情報をバトンタッチしていることになります。つまり、おおざっぱにいうと1種類だと考えられていた地球上の生命体とは明らかに異なる初めての生物の発見だといえるのです。

ATPでエネルギーを利用する点でも共通！

リンは、生命が共通して採用しているもうひとつの重要な仕組みにも深く関与しています。地球上のすべての生命体は、基本的にはATPという物質を使ってエネルギーを消費しています。ATPとは、アデノシン三リン酸（Adenosine TriPhosphate）の頭文字をとった略語で、その名の通り、アデノシンという有機物にリン酸が3つ、くっついた物質です。

ATPからリン酸がひとつ離れると、ADP（アデノシン二リン酸）に変わります。このとき、エネルギーが生じるので、細胞はこれを利用して、必要な物質を合成したり、動いたり、電気的に興奮したり、場合によっては発光したりできるわけです。さらに、ADPからリン酸がもうひとつ離れると、AMP（アデノシン一リン酸）に変わり、この場合もエネルギーを生じます。

ＡＴＰもＡＤＰも優れているのは、何度もリサイクルできることです。光合成や食べ物のエネルギーを使い、ＡＭＰに再びリン酸をくっつけてＡＤＰに戻し、さらにリン酸をもうひとつくっつけてＡＴＰに戻すというリサイクルをしています。

このように地球上の生物は、光合成や食べ物から得たエネルギーを直接使うということはせず、いったんＡＴＰやＡＤＰという形にエネルギーを変換し、細胞内ではこれをエネルギー源にして生命活動を営んでいるわけです。

こうした仕組みは、私たちの社会が、火力発電や水力発電を行って石油や水力のエネルギーを電力に変えることで、使い勝手をよくしてからエネルギーを利用しているのとよく似ています。いくら手元に石油があっても、それで携帯電話やテレビを使うのは困難です。いったん共通のエネルギー源である電力に変換するからこそ、まったく種類が違う多様な用途に対して手軽にエネルギーを使えるわけです。細胞はこれと同じことを、ＡＴＰやＡＤＰを使って行っているのです。

この仕組みの中で最も重要な役割を果たしているのがリン酸です。ですから、リンがなければ、生命体はエネルギーを利用することができなくなってしまいます。

注目していただきたいのは、ＡＴＰもＡＤＰも、けっして簡単な分子構造ではないということです。水はH_2Oという単純な化合物なので、すべての生物が利用していても、何の驚きもありません。しかし、ATPやADPといった複雑な構造を持つ化合物をバクテリアから人間まで等しく利用しているというのは驚くべきことです。

DNAもATPも、構成している元素の中で炭素・水素・酸素についてはひとつの分子に含まれる原子の数が多く、その結果、とても複雑な構造をしています。生命は、原子の組み合わせや配列を変えることで、それこそ無数ともいえる複雑な有機化合物を作り出すことができます。その中には、DNAやATPと同じような働きをしてくれる、リンを含まない化合物だってありそうなものです。しかし、これまで、リンを含まない化合物をATPの代わりに主なエネルギー源に利用して生きる生命は、ひとつも見つかっていません。細胞のエネルギー利用の方式についても、やっぱり地球上の生命は1種類だといえるのです。

地球上の生命が1種類なのは、実は不自然なこと

地球上の環境は、さまざまです。熱帯雨林と北極や南極は環境がまったく違います。エベレストの山頂からマリアナ海溝の底まで、高さも深さもいろいろです。洞窟もあれば熱水鉱床もあります。地中深い岩石の中でも、氷河の氷の中にも、やっぱり微生物は生きています。このように環境はバリエーションに富むので、中にはDNAやATPを使わない

完全な別種の生命が少しぐらいはいてもおかしくありません。しかし、現在のところ、こうした生命はまったく見つかっていないというのは驚きです。高分子化合物が生命として振る舞うためには、DNAやATPなどリン酸化合物が必要不可欠だったのでしょう。

こうした事実から考えられるのは、ひょっとしたら生命が誕生するというのはものすごく難しいことで、DNAやATPを使う現在の地球上の生物しか生命体の誕生はありえないのかもしれません。

もしそうだとしたら、DNAやATPを使うタイプの生命が、たまたま地球で生まれたから生命の惑星になったのだといえます。この場合は、ほかの惑星や衛星には、おいそれとは生命が生まれないということになってしまいます。

ところが、もし、DNAやATPとは違う仕組みで命をつなぐ生物が見つかったとしたら、生命が誕生するためのハードルは、一気に低くなります。たまたま地球上ではDNAやATPを使うタイプの生命が主流となっただけで、生命を成り立たせるメカニズムとしてはいろいろな仕組みがありえるはずです。だとしたら、地球以外の惑星や衛星にも、それぞれの環境にピッタリあった独自の生命がいてもおかしくありません。だから地球外生命の発見の期待は一気に広がることとなるわけです。

そもそもNASAの発表が誤り？

このような理由から、NASAの研究成果が宇宙生物学上の重要な発表だというのは、少なくとも学術上は十分にうなずけることでした。人騒がせだとメディアから総スカンを食らったのは、ちょっとかわいそうな気がします。

しかし、この騒動には、まだ続きがありました。NASAの発表については、実験の方法やデータの信憑性に問題があり、そもそも発見された微生物がリンの代わりにヒ素を利用して生きられるという結論自体が疑わしいのではないかという批判の声が、他の複数のグループの研究者から寄せられたのです。

さらにNASAの発表から1年半後、この批判が決定的となる論文が科学誌『サイエンス』に2本も掲載されたのです。ひとつ目は、ブリティッシュ・コロンビア大学（カナダ）のローズマリー・レッドフィールド博士らがNASAのグループと同じ条件で細菌を培養したところ、細菌のDNAからはヒ素は検出されなかったというものです。これが本当なら、ヒ素は単に細胞に一時的に取り込まれただけで、リンの代わりをしているのではないということになります。もうひとつは、スイス連邦工科大学のトビアス・エルブ博士らが発表したもので、この細菌は高濃度のヒ素の中でも生きられる耐性を持っているだけで、生存と成長のためにはリンが必要だと結論づけています。まだ完全に決着がついたわけではありませんが、こうした批判に対してＮＡＳＡの研究グループからは説得力のある反論がなされておらず、かなり旗色は悪そうです。

ＤＮＡとＡＴＰの驚くべき共通点

地球上の生物は、生命活動の基本的な仕組みにＤＮＡとＡＴＰを利用しているという点で共通していると述べましたが、ＤＮＡとＡＴＰの間にも驚くべき共通点があります。かたや遺伝子、かたやエネルギーと、用途はまったく違うのに、分子の構造が驚くほど似ているのです。さらに、その機能の心臓部にリン酸を採用している点でも共通しています。

さきほど、少し触れましたが、ここでＤＮＡの構造を改めて確認しておきましょう。ＤＮＡは図のような、ヌクレオチドと呼ばれる固まりが、延々とつながった構造になっています。一つひとつのヌクレオチドは、塩基と糖とリン酸がくっついてできています。この糖の部分がデオキシリボースという糖であればＤＮＡ、リボースという糖であればＲＮＡです。といっても、デオキシリボースとリボースは、たった1ヵ所、ＨがOHに変わっているだけで、分子の構造はほとんど同じです。一方、塩基の部分は、ＤＮＡの場合、アデニン、チミン、グアニン、シトシンの4種類があります。これは文字のような役割をしており、4種類の中でどれを選択するかで情報を記録します。

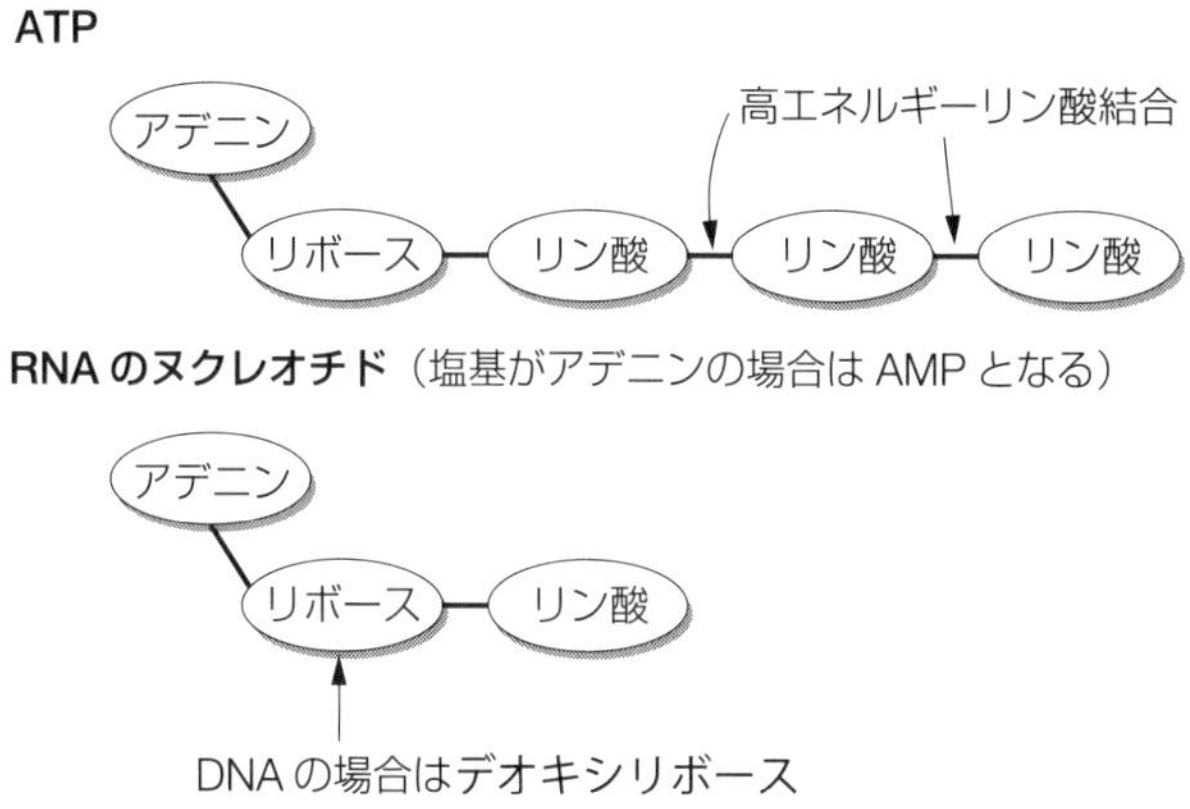

ATPとDNAやRNAの化学構造はきわめて似通っている

これに対し、ATPの分子は、アデニンとリボースにリン酸が3つくっついた構造なのですが、アデニンはDNAを構成している4種類の塩基のうちのひとつなので、こちらもヌクレオチドの一種なのです。実際、図のようにRNAのヌクレオチドの中で塩基がアデニンの場合は、ATPからリン酸が2つはずれたAMPそのものです。このようにATPの化学構造はDNAやRNAのヌクレオチドと驚くほど共通しているのです。私は学生のとき、生化学の授業でATPやDNAの化学構造を教わったのですが、それまでこの2つはまったく別物だと思っていたので、先生が黒板にDNAとATPの化学構造を板書したのを見たら、一瞬、頭が混乱し、「アレ？　同じじゃないの？？？」と不思議に思ったことを今でも覚えています。授業が終わった後、「ＤＮＡとＡＴＰは、どうしてこんなに似ているんですか」と質問したら、「それは細胞に聞いてくれ」という期待はずれの答えで、それ以来、その先生の授業には出ないことにしました。

でも、今から思うと、ＤＮＡとＡＴＰが似ている理由を説明しろといわれても、それは無理なことです。根本的な理由は、現在でもはっきりとは解明されていません。だから、答えられなかったのは先生が勉強不足だったわけではなかったのです。

ただし、ＤＮＡとＡＴＰが、ともにリン酸を採用したことについては、明確な理由があります。

ＡＴＰがリン酸を採用した理由

前述したように、ＡＴＰはリン酸をはずしてＡＤＰに変わるときにエネルギーを放出し、またエネルギーを得てリン酸とくっつくことでＡＴＰに戻ります。つまり、リン酸を結合したり分離したりすることで、蓄電池と同じ働きをしているわけです。実は、この用途に使うには、リン酸が決定的におあつらえ向きなのです。

ＡＴＰでは、リン酸が「高エネルギーリン酸結合」によってくっついています。わざわざ結合の名称に「高エネルギー」という言葉が添えられているように、この結合は際立って高いエネルギーを蓄えているのです。つまり、ADPの端っこのリン酸に新たなリン酸をくっつけるときは高いエネルギーが必要ですが、その代わりATPからリン酸をはずすときは高いエネルギーを取り出せます。このため、電池でいえば高い容量を実現できたわけです。

20年前と比べたら、現在の携帯電話は多機能化したため、はるかに多くの電力を使っていますが、にもかかわらず電池はかなり長持ちするようになりました。これは、技術革新によって電池に蓄えられる電力の容量が大幅に増えたからです。細胞もリン酸を採用することによって、同じように高いエネルギーを効率よく蓄えることに成功したわけです。

さらにリン酸の優れているところは、細胞がエネルギーを蓄えるときに結合させ、エネルギーを取り出すときに分離させるといった制御がうまくできたことです。リン酸がくっつきっぱなしでも、分離しっぱなしでも困るし、また結合や分離がデタラメに起きても困ります。必要なときに必要に応じて結合や分離ができるからこそ、生命を維持できるのです。ATPはこうした条件をみごとに満たしています。

DNAがリン酸を採用した理由

では、もう一方のDNAは、なぜリン酸を採用したのでしょうか。実は、DNAにも、

ATPと同じような必要性があったのです。

遺伝情報を直接的に担っているのは、アデニン、チミン、グアニン、シトシンという4種類の塩基です。これが、あたかも文字のような役割を果たし、遺伝情報を伝えているのでしたね。

だったら、リン酸なんていらないない気もしますが、そうではありません。もう一度、ヌクレオチドの図（104ページ）を見ていただきたいのですが、DNAはリン酸とデオキシリボースが結合し合うことでヌクレオチドという単位が互いにつながっているのです。これによって、4種類の塩基は順番を持つことができるのです。

1個の塩基だと、たった4種類ですが、2つがつながると4の2乗で16通り、3つがつながると4の3乗で64通り、4つがつながると4の4乗で256通りと、数が増えると組み合わせは膨大なものになります。だからこそ、たった4種類の塩基で、膨大な遺伝情報をストックできるのです。

遺伝情報というと、ついつい4種類の塩基ばかりに目がいきますが、実は4種類をどうつないでいくかも同じくらい重要なのです。生命が塩基の結合にリン酸を用いたことには大きな利点がありました。細胞内の穏やかな環境のもと、酵素を利用することで、自由につないだり切断したりできるのです。これによりヌクレオチドを必要に応じて正しい順番に結合させることで、正しい情報が書き込まれたDNAを合成することが可能となったわけです。分子と分子をくっつけるだけなら、リン酸以外でもいくらでも化合物はありますが、普通はデタラメにくっついてしまいます。これでは、文字の順番がランダムに変わってしまうのと同じで、情報の保持にはなりません。生命がDNAによって遺伝情報を管理できたのは、ATPによってエネルギーを管理できたのと同じように、リン酸の反応を制御できたということが決定的に重要なのです。

DNAとATPが似ているのは生命の必然なのか

このように考えれば、DNAとATPが似ていることも、ある程度は納得できるのではないでしょうか。

エネルギーの利用と遺伝は生命が存続するうえで不可欠な二本柱です。だから、何らかの形でこの2つを確立しない限り、「生命」にはなりません。それは単なる物質です。地球上の生物が、この2つの機能をともに、リン酸を含むDNAとATPに担わせたのは、理にかなったことです。もし、この2つがまったく異なる物質だったら、生命は2つの制御技術を別々に開発しなければならないわけです。これはいかにも非効率です。

地球上の生命は、遺伝とエネルギー利用のために、リン酸というきわめて都合のよい化学物質を、使い回すという戦略をとりました。遺伝については、リン酸とデオキシリボースによる幹となる部分に、遺伝情報を担う塩基を付与したＤＮＡにゆだねました。一方、エネルギーの利用については、リン酸にアデニンとリボースを結合させたＡＴＰにゆだねました。いずれも中核部分はリン酸という「共通パーツ」を用いたのです。遺伝とエネルギー利用というまったく次元の違う生命活動を、リン酸という「汎用部品」を使って制御する——合理的で美しいやり方だと思いませんか？　地球上の生命は、たったひとつの例外もなく、このシステムを〝採用〟しているのも、必然的なことかもしれません。

赤潮から学んだこと

生命にとってリンがきわめて重要な元素であることは、海に溶け込んでいる成分と生命を構成している成分を比較すると、再認識させられます。

生命は海から生まれたといわれていますが、生命を構成している元素の組成は、基本的には海の成分とよく似ています。でも、唯一、決定的に異なるのが、リンなのです。リンだけは海にほとんど含まれていません。ほかの元素は、周囲の海にたくさんあるから上手に利用して進化してきたのでしょうが、リンだけは簡単に手に入らなかったわけですから、かなり無理をして利用してきたはずです。つまり、リンを利用するということは、生物が生きていくうえで、どうしても必要なことだったということが、海の成分との比較からも推測できるのです。

海に生きる生物がいかにリンの不足に苦労しているのかは、赤潮に端的に現れています。赤潮とは、海中でプランクトンが異常に増殖し、海が赤、ないしは赤褐色に見える現象です。増殖するプランクトンが、ニンジンなどにも含まれるカロテノイドという赤い色素を持っているため、海が赤く見えるのです。

私が子どものころは、環境対策が不十分だったため、瀬戸内海や東京湾で赤潮が頻発し、社会問題になっていました。赤潮の原因として特に多かったのが、家庭で使われていた合成洗剤でした。当時は多くの家庭排水がそのまま川に垂れ流され、それが海に流れ込んでいたのですが、その中に合成洗剤に含まれるリンが大量に混入していたため、プランクトンが一気に増殖してしまったのです。

当時の私は、これがとても不思議でした。たとえば、生物が生きていくうえでエネルギー源になる砂糖水が大量に流れ込むのであれば、微生物が増えるのは納得できます。ところが、リンの化合物が流れ込んだために急激に増殖するというのは理解できなかったのです。大学院に入って微生物の研究を始めてから、海に生きる生命にとってリンがいかに貴重なものなのかを知り、10年越しにやっと腑に落ちました。

リン欠乏症に悩まされる植物

一方、海だけでなく陸上でも、やっぱりリンは不足します。小学校か中学校の理科の授業で、植物を育てるには、水分と日光だけではダメで、肥料として窒素・リン酸・カリが必要だと学んだ経験があるはずです。

窒素は空気中にはたくさんありますが、ほとんどの植物はそれを直接利用できないため、窒素化合物を肥料として与える必要があります。カリとはカリウムのことで、生命には不可欠な元素ですが、海とは違って陸上には少ないため、やはり肥料として与える必要があります。これに加え、植物を育てるにはリン酸も必要なのです。実際、赤潮の原因となる海中のプランクトンと同じで、不足しているリン酸を与えれば、植物は一気に生長を加速してくれます。

生物は基本的には周囲の環境に豊富にあるものを利用して生きられるように進化してきました。ところが、リン酸だけは、海でも陸でも不足しているのに、すべての生命が共通して遺伝やエネルギーという決定的に重要な役割を担わせました。ということは、リン酸を含まない他の分子では、リン酸を利用したDNAとATPのマネは、どうしてもできなかったということでしょう。生命にとって、リン酸は特別な意味を持つ分子だったのは間違いありません。

医者が「リンをとりましょう」といわない理由

ここまでの説明で、人間を含めすべての生物にとってリンは生きていくうえで不可欠な元素であることはご理解いただけたと思います。ということは、健康のために、もっとリンをとらないといけないと感じた方も多いでしょう。

実際、人体では、全身のすべての細胞に必要なDNAやATPにはリン酸が含まれているわけですから、合成するのにリンが不可欠です。また、骨や歯の主成分はハイドロキシアパタイトなのですが、化学式で書くと、$Ca_{10}(PO_4)_6(OH)_2$です。つまり、原子の数でいえば、カルシウムが5、リンが3の割合で必要なのです。骨はカルシウムの塊だと思っている人が多いようですが、実はリンが占める割合もけっして小さくないのです。このため、リンがなければ健康な骨は維持できません。

にもかかわらず、「健康のためにリンをもっととったほうがいい」という話は、聞いたことがないはずです。骨を丈夫にするためにカルシウムをとりましょうというのは、耳にたこができるくらい聞かされているでしょうが、リンについてはさっぱりです。また、リンのサプリなどという商品も存在しません。

では、リンは生きていくために決定的に重要な元素なのに、どうして積極的にとる必要はないのでしょうか。その理由は、私たちが食べているものがもともとは何なのかを考えればわかります。

私たちは、毎日、さまざまな食品を口にして生存していますが、すべての食べ物に共通していることがあります。それは、すべてもともとは何らかの生命体だったということです。厳密にいえば、味付けに使う塩などは生命とはいえませんが、少なくとも人間が生きていくために必要なエネルギー源となる食べ物は、例外なく元をたどれば生命体です。光合成によってエネルギーを蓄えた植物を食べる場合もあれば、植物を食べてエネルギーを横取りした動物を食べる場合もあります。いずれにしても私たちは何らかの生命体を食べて生きているわけです。これが、人間の体内でリンが不足しない根本的な理由です。

すべての生命は、例外なくリンを利用して生きています。だから、どんな生物を食べても、その材料としてリンが摂取できるのです。食生活が偏ってしまうのは、健康を維持するためには大問題ですが、ことリンに限れば、何を食べようが生物を食べている限り不足することはないわけです。

リンが不足しないというのは、人間だけに限ったことではありません。すべての動物についていえることです。なぜなら、動物だったら、やはりほかの生物を食べて生きているからです。

一方、植物の場合は、そうはいきません。植物を育てるために肥料としてリン酸が必要になる理由は、食虫植物などをのぞけば、植物がほかの生命体を食べることはないからです。だからリン酸が不足してしまうという宿命を負わされているのです。

これについては、赤潮の原因となるプランクトンの場合も事情は同じです。プランクトンには動物性のものと植物性のものが存在しますが、赤潮の原因となるのは、基本的には珪藻《けいそう》やラフィド藻と呼ばれる植物性のプランクトンです。だからリン酸が海に流れ込むと肥料が与えられる形になるので大量発生するわけです。

鳥の糞でリンの島ができた！

食べ物にいかにリンが豊富に含まれているか、象徴的に示している島があります。それは太平洋に浮かぶ小島、ナウル共和国です。この国では、一時期、税金はいっさいなし。しかも医療も教育も電気代もすべて無料。さらに、手厚い年金が支給されていました。普通、年金というと、リタイアしたお年寄りに支給されるものですが、ナウルではなんと現役の方も含め全国民に支給されていました。まさに天国のような島だったのです。

なぜ、そんな夢みたいなことが実現できたのかというと、島のかなりの部分がリン鉱石によってできていたからです。これを掘り出して輸出することにより、巨万の富を得ました。それを惜しげもなく国民に分配したのです。

では、そのリン鉱石は、どうして作られたのでしょうか。実は、リンを運んできてくれたのは、アホウドリでした。ナウルは南西太平洋にポツリと浮かんでいる島で、アホウドリの生息地になっていました。アホウドリは海で魚を食べ、ナウルに戻ってきて糞をします。魚にもリンは豊富に含まれているので、当然、それが変化した糞にもそのまま残っているわけです。それが、長い年月をかけて化石化し、リン鉱石に変化しました。つまり、太平洋の海に拡散していたリンが食物連鎖で魚に濃縮され、さらにアホウドリがナウルに運んできてくれたというわけです。鉱石というと何らかの地質学的な作用でできあがることが多いのですが、ナウルのリン鉱石については、生命が生み出したものだったのです。リンと生命の深い因縁を改めて感じさせられます。

そんな天国のような島があるなら、自分も移住したいと思われたかもしれませんが、安楽な生活は長くは続きませんでした。リン鉱石は１９９０年代にほぼ掘り尽くしてしまい、国家財政は破綻。島の経済も一気に崩壊してしまいました。

さらに、現在のナウル国民の多くが、極度の肥満にむしばまれています。豊かな年金によって働くことをやめ、高カロリーの食品を輸入して食べるようになったためです。ＷＨ

O（世界保健機関）発行の『世界保健統計2013』によると、なんと男性の67・5％、女性の場合は74・7％が肥満に陥っており、ともに肥満率は世界1位です。これにともなって、生活習慣病による死亡率も跳ね上がり、「天国の島は、本当に天国にいってしまう島だった」という笑えないブラックジョークが現地では語られているそうです。

リンをとりすぎると

人間は他の動物や植物を食べて生きているため、リンが不足することはありませんが、現在、問題になっているのは、逆にリンをとりすぎてしまうことです。リンは加工食品に多く含まれているため、特に現代人は摂取量が増えているといわれています。

リンをとりすぎて最も困るのは、骨粗鬆症《こつそしょうしょう》を誘発してしまうことです。体内でリン酸が増えすぎると、骨からカルシウムが溶け出すからです。リンとカルシウムは、一見、無関係のように感じられるかもしれませんが、実は、人体はリンとカルシウムをひとまとめにして体内の濃度を管理しているので、こうした困ったことが起こるのです。

さきほどお話ししたように、骨を構成しているハイドロキシアパタイトは化学式で書くと$Ca_{10}(PO_4)_6(OH)_2$であり、カルシウムとリン酸が10対6の割合で蓄えられています。そこで人体は、カルシウムとリンをペアで管理する方法を選択したと考えられています。

リンやカルシウムが不足すると、活性型ビタミンDが腸に作用し、体内への吸収を促進します。その一方、活性型ビタミンDは腎臓に働きかけて、尿として出てゆくリンやカルシウムを減少させます。こうしてリンやカルシウムの量は調節されているわけです。ところが、リンだけを過剰に摂取してしまうと、リンを減らすために活性型ビタミンDが作られにくくなるため、その影響でカルシウムが減ってしまうわけです。

もちろん、人体にはリンとカルシウムを別々に管理するための仕組みも備わっています。それが副甲状腺ホルモンです。甲状腺とは、首の付け根のちょうど蝶ネクタイをつけるあたりにある器官で、形も蝶ネクタイに似ています。甲状腺自体は、代謝を高める甲状腺ホルモンを分泌するのですが、甲状腺には米粒大の副甲状腺という別の小さな器官が4つくっついており、ここから分泌されるのが副甲状腺ホルモンです。このホルモンは、腸や腎臓に働きかけ血液中のカルシウムの濃度を上げる一方で、リンの濃度は下げる働きをします。

普通に考えれば、カルシウムとリンをともに増やす活性型ビタミンDと、カルシウムは増やしリンは減らす副甲状腺ホルモンを組み合わせれば、カルシウムもリンも自由自在に最適な濃度に管理できるはずです。実際、リンをとりすぎると、副甲状腺ホルモンが増えることでリンを減らし、さらに活性型ビタミンDが減少したためにカルシウムが足りなく

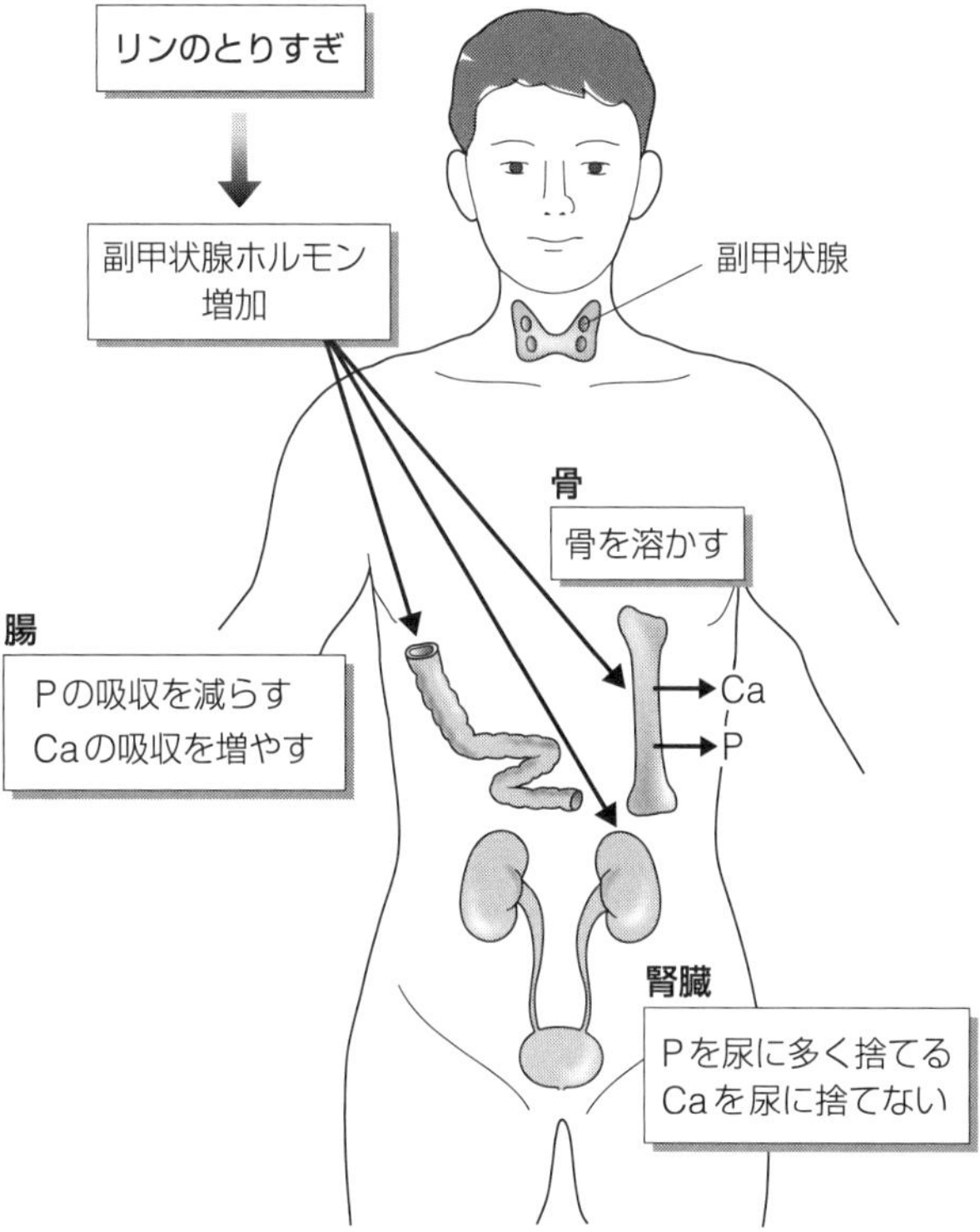

リンの過剰摂取で骨粗鬆症が起こるメカニズム

なる分を取り戻そうとします。だから、リンをとりすぎても、結果として、血液中のカルシウムの濃度は厳密に保たれます。

では、なぜ骨粗鬆症が起きるかというと、副甲状腺ホルモンは、骨を溶かす働きも持っているからなのです。全身の神経も筋肉も、血液中のカルシウムが一定の濃度に保たれないと、正常に機能できません。だから、血液の中でカルシウムが不足することは、死に直結してしまいます。そこで、こうした致命的な事態を回避するため、副甲状腺ホルモンに骨を溶かす機能を持たせたと考えられています。

副甲状腺ホルモンが腸の壁に働きかけてカルシウムの吸収率を上げても、そもそも腸の中にカルシウムがなければ、吸収することはできません。でも、骨には大量のカルシウムが蓄えられているので、これを溶かせばいつでもカルシウムを取り出すことができるわけです。ただし、その代償として、骨がスカスカになる骨粗鬆症を招いてしまうのです。

リンの過剰によって体内で起こる副甲状腺ホルモンの作用を図にまとめておきましたが、ずいぶん複雑な仕組みだと感じた方が多いと思います。実際、私自身も医学部で初めて教わったときはなかなか記憶できず、期末試験では苦戦したものです。もちろん、医者や栄養士でなければ、個々の作用を覚えておく必要はありませんが、人体はリンの濃度を一定に保つために、とても複雑な仕組みを備えているということは理解しておいてください。

複雑な仕組みが発達した背景には、この章でお伝えしてきたように、リンがDNAやATPの構造の根幹を担う大切な元素だという事情があります。地球上の生物は、たった一つの例外もなく、遺伝情報とエネルギーの管理をリンに依存して命をつないでいるからこそ、そのコントロールは慎重に行う必要があったのです。

リンの代わりにヒ素を使って生きられる微生物が見つかったというNASAの発表はどうやら間違いである可能性が高そうですが、リンを必要としない生命の存在が完全に否定されたわけではありません。この問題は、今後も宇宙生物学の重要なテーマであり続けることでしょう。リンは、普段はあまり意識しない元素だと思いますが、だからこそ、リンに注目しながら人体を見つめなおすと今まで見落としていた生命の本質がかいまみてくるはずです。

第5章

毒ガス「酸素」なしには生きられない生物のジレンマ

生命は本当は酸素が嫌い

「生命にとって酸素は不可欠なものだ」

あなたは、こう思っていませんか。しかし、生命の起源や進化を宇宙全体で考える宇宙生物学では、むしろ酸素を使わない生命のほうが、生物としては基本的なあり方で、生存のために酸素を必要とする生命のほうが、特別な存在だといえるのです。なぜなら、地球も含め岩石型惑星の大気にはもともと酸素はほとんど存在せず、これについては、かつての地球も例外ではないからです。

実際、現在、地球上で生存している生命に限っても、酸素が不可欠だと決めつけるのは間違いです。人間のように、生存のために酸素が必要な生物も数多くいますが、ほんの少しでも酸素があれば生存できない生命体もいます。酸素がないと生命は生きられないものだという思い込みは、人間中心の思い上がった世界観に基づくものかもしれません。

地球上で生存している生命は、おおまかにいうと好気性生物と嫌気性生物の2つのタイプに分類できます。生存するために酸素が必要な生命体は、空気が好きだという意味で好気性生物といいます。一方、生存に酸素が必要ではなく、むしろその毒性によって生存しにくくなる生命体を、空気を嫌うという意味で嫌気性生物といいます。その中には、ちょっとでも酸素があると死んでしまう生命体もあり、こちらは特に絶対嫌気性生物と呼ばれています。

嫌気性生物なんて見たことはないと思った方も多いと思いますが、それは致し方ないことです。嫌気性生物は、バクテリアなど単細胞の微生物ばかりです。しかも、人間の腸の中や腐敗が進んだ土壌など、何らかの理由で酸素がなくなっている場所にひっそりと暮らしています。これに対し、動物や植物など多細胞生物はすべて好気性生物です。

でも、生命全体でみた場合、嫌気性生物をけっして例外的な変わりものだと思ってはいけません。なぜなら、38億年前に地球に生命が誕生したときは、すべての生命は嫌気性生物だったからです。つまり、嫌気性生物こそが生命の起源なのです。

私たち人類も、祖先をたどって遡っていけば、必ず嫌気性生物のご先祖様にたどりつきます。だから、現在は地味な存在かもしれませんが、むしろ嫌気性生物こそ生命の基本形であり、生命全体でみればいわば本流のご本家だといえる存在なのです。

しかも、酸素を積極的に利用する好気性生物が地球上に現れたのは、だいたい23億年前のことだったと考えられています。ですから、私たちの直接の祖先に限定したとしても、人類に至る長い生命進化の歴史の中で、なんと3分の1を超える長い期間を嫌気性生物として生きてきたわけです。

だから、私たちの細胞にも遺伝子にも、嫌気性生物だった時代の痕跡が色濃く残っています。おおざっぱにいうと、基本的には嫌気性生物として設計された細胞を酸素があっても死なないように後から改良したのが、私たちの人体だといえるのです。だから、なんとか対処しているとはいうものの、やっぱり人間の細胞も本来は酸素が苦手なわけです。のちほど詳しく説明しますが、人体は酸素の影響で老化したり癌になったりします。こうしたことが起きるのも、地球における生命の歴史を考えれば、当然のことだといえます。

地球には酸素なんてなかった

では、38億年前、地球上に誕生したといわれる生命体は、どうして嫌気性生物だったのでしょうか。その答えは明確です。なぜなら、当時は地球の大気に酸素なんてなかったからです。

私たちは空気の中に酸素が豊富に含まれていることを当たり前のことだと思っています。実際、現在の地球の大気には、約21%の酸素が含まれているわけですが、広い宇宙からの視点でみれば、これはじつに異常なことです。太陽系の成り立ちを考えれば、地球のような惑星の大気に酸素が含まれるというのは、本来ならありえないことだからです。

太陽系の中で、金星と地球と火星は同じような条件で誕生したため、この3つが兄弟の

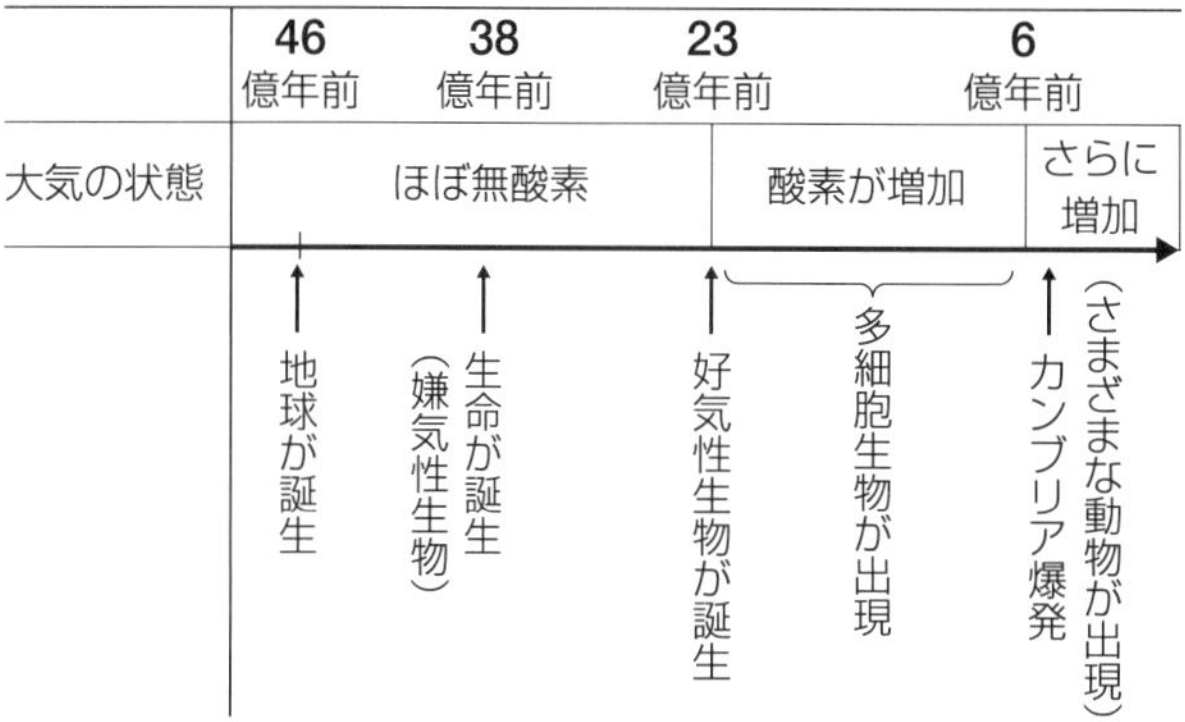

地球の酸素の状態と生命進化の歴史

惑星だと位置づけられています。誕生の仕方が似ていたため、金星と火星の大気は含まれている成分もじつによく似ていて、最も多い成分が二酸化炭素、次が窒素です。一方、酸素はというと、どちらの大気中にもほとんど含まれていません。

金星と火星に挟まれている地球も、誕生した直後は、これとよく似た大気の組成だったと考えられています。実際、46億年前に地球が誕生してから約23億年前までの間は、地球の大気には酸素がほとんど含まれていなかったことが、岩石の分析などから確認されています。

たとえば、ウランは酸素と反応して酸化ウランに変化しますが、この時期に地表にあったウラン鉱石は、大気にさらされていたにもかかわらず、ウランが酸素と結合していない形で見つかっています。このことから、当時の大気に酸素は含まれていなかったと推定できるのです。

こうしたさまざまな研究を通して、地球は誕生してからほぼ半分の期間にわたって、大気に酸素はほとんどなかったことが確認されています。そんな惑星だったのですから、酸素を利用しない嫌気性生物として生命が誕生したというのは、むしろ当然のことだといえるわけです。

地球のような岩石でできた惑星の場合、大気中に酸素が増えにくいことは、酸素の化学的な性質を考えても容易に想像がつきます。

気体の酸素は、ものすごく不安定で、炭素や金属などほかの元素と反応して、安定な化合物に変化します。これが燃焼や錆びるという現象です。私たち好気性生物は、このときに得られるエネルギーを利用して生きています。数億年という長い年月でみると、酸素のような不安定な気体が存在し続けるというのは、とても不自然なことです。炭素があれば、酸素はいずれ反応して二酸化炭素に変わります。だから仮に大気に酸素が含まれていたとしても、結局、数億年といった長い時間が経過すると、酸素よりはるかに安定している二酸化炭素にすべて移行してしまうはずなのです。だから、金星や火星では、大気の大半が二酸化炭素で占められているというのは、化学の常識からしても、とても納得がいくことです。逆にいえば、現在の地球に酸素が多いというのは、間違いなく、何らかの特殊な事情があったとしか考えようがありません。では、その特殊な事情とは、具体的には何なのでしょうか。

大気はどうやってできたのか

そもそも、大気自体が、もともと地球にあったわけではありません。46億年前に宇宙空間に漂う岩石やチリが集まって地球が誕生したわけですが、巨大な木星や土星とは異なり、地球や金星のような小さな惑星は引力も小さいので、岩石の固まりである惑星の表面に宇宙空間で漂っている気体を引力で集めるといったことは物理的に不可能です。

では、地球の大気はどこからやってきたのかというと、答えは惑星の内部なのです。実は、もとを正せば、大気のほとんどは火山から噴き出したガスだったということがわかっています。

現在の地球の火山ガスは、地上から地下に染み込んだ水がマグマによって加熱されて生じる水蒸気が主成分ですが、地球が誕生したときに岩石に混入していた二酸化炭素も豊富に含まれています。地球も火星も金星も、誕生した当初は地下水が存在しなかったため、火山ガスは二酸化炭素が中心だったと考えられています。だから、金星でも火星でも、そしてかつての地球でも、二酸化炭素が大気に最も多く含まれることとなったわけです。

さらに、火山ガスには一酸化炭素も含まれています。ほかの物質から酸素を奪い取り、自らは酸化する性質を還元性といいますが、一酸化炭素にも還元性があり、酸素と反応して二酸化炭素に変わろうとします。

実は、太陽から放射される紫外線によって、地球の大気中にわずかに含まれる水が分解されるため、ごくごく少量の酸素は、地球が誕生した当初から生み出されていたはずなのです。しかし、これは火山から噴き出た一酸化炭素と反応してしまい、結局、ほとんどが二酸化炭素に変えられてしまったと考えられています。こうして、地球が誕生してから20億年以上にわたって大気に酸素はほとんど含まれていない時期が続きました。

では、地球では酸素が増えるという奇跡がどうして起こったのでしょうか。「そんなの、植物が光合成をして酸素を放出したのに決まっている」と思われるかもしれませんが、現実はこの一言でかたづけられるほど単純ではありません。

光合成をして二酸化炭素から有機物を作り酸素を放出しても、やがて植物は枯れてしまい、せっかく作った有機物もいずれ腐敗して二酸化炭素に戻ります。そのときに放出したのと同じ量の酸素が使われるので、結局、生み出した酸素の量は差し引きゼロとなります。つまり、植物は光合成をしてから枯れて腐敗するまで、いっときだけ酸素を放出しているだけで、長い目でみれば、酸素が大気に大量にたまることにはなりません。

実際、シアノバクテリアという光合成を行う細菌が地球上に現れても、長い間、大気の酸素濃度はさほど上昇しませんでした。酸素の濃度が現在のように高くなった理由は、植物が作った有機物の中に、海底などに沈殿して腐敗しなかったものがあったからです。石油や石炭など、化石燃料もその一例です。

さらに、大気中に酸素が増えることを抑制したのが鉄の存在です。おおざっぱにいうと地球という惑星は鉄の塊です。鉄は重いので地球の奥深い部分に沈んでいるのですが、地表にも取り残された鉄が豊富に存在します。植物が酸素を放出しても、当初は鉄と反応し、大気中には増加しませんでした。

小学校の理科で習ったとおり、鉄は空気中の酸素と触れると錆びて赤錆になります。植物によって酸素が放出された当初は、地表にあった鉄が片っ端から錆びることによって放出された酸素を吸収し尽くしました。大気中に酸素が増えたのは、地表にある鉄がひと通り錆びた後のことです。

私は学生時代、キャンプツアーでオーストラリアのエアーズロックを訪れたことがあります。砂漠の中でバスの車窓に、突如、赤く染まったエアーズロックが出現したときは、しびれるような感動を覚えたものです。注目していただきたいのは、エアーズロックそのものも周辺の大地も、一面、赤い色をしているということです。この正体が酸化鉄なのです。つまり、エアーズロックの周辺が赤茶けた色をしているのは、鉄が酸素を吸収した名残だというわけです。

このように地球のような惑星では酸素がないのが当たり前で、現在の大気の中に酸素が豊富に含まれるというのは、実はスゴいことだといえるのです。

酸素の毒性

このようにもともと大気に酸素が含まれない環境で生命が誕生したため、基本的には細胞にとって酸素は毒性を持つこととなりました。

私は、かつて、ほんの少しでも酸素があれば死滅してしまう絶対嫌気性細菌についての研究に従事していた経験があるのですが、当時は酸素の毒性を身にしみて感じさせられていました。

普通の細菌ならシャーレで簡単に増やせるのですが、絶対嫌気性細菌の培養は大変です。試験管に窒素を封入して無酸素状態を作り、密閉します。しかし、恥ずかしながら不器用な私は実験が下手で、隙間から酸素が混入し、何度も細菌を死なせてしまいました。

少し蛇足ですが、実験が下手で装置が壊れるということは、科学者の間では「パウリ効果」と呼ばれています。量子力学の研究でノーベル賞を受賞したパウリは、理論の探究には天才的な才能を持っていたのですが、手を動かして行う実験はからっきし下手で、パウリが近づくだけで装置が壊れるという都市伝説が語られるようになったからです。私が細菌を死なせてしまうと研究室の先輩から、「パウリ効果」をもじり「吉田効果」と名付けられ、おれの細菌には近づくなとからかわれたものです。

さて、細菌も人間も、生命を形作る細胞は、簡単にいうと有機物のスープを脂肪の膜で包んだ構造をしています。脂肪は空気中の酸素と反応するので、細胞を取り囲む膜も、放っておいたら酸化して、アッという間に別の成分に変わってしまいます。膜が壊れると細胞は正常な機能を果たせないので、絶対嫌気性生物は酸素があるとたちどころに死んでしまうわけです。

では、私たち好気性生物が酸素によって死なないのは、どうしてでしょうか。それは、抗酸化物質と抗酸化酵素という酸素の毒性を除去する特別な仕組みを、進化の途中で獲得したためです。これによって酸素を利用し潤沢なエネルギーを作り出すことが可能になったおかげで、大気中に酸素が増えた新しい地球の環境のもとで一気に繁栄することができたのです。

のちほど詳しく説明しますが、抗酸化物質とは、アスコルビン酸（ビタミンC）やグルタチオンなど酸素が細胞のたいせつな成分と反応する前に身代わりになって反応してくれる成分です。こうした成分はものすごく酸素と反応しやすいので、酸素が細胞の膜や遺伝子と反応するより先に結合し除去してくれるのです。一方、抗酸化酵素というのは、カタラーゼやSOD（スーパーオキシドジスムターゼ）などそれ自体が反応するのではなく触媒として酸化力を奪う反応を促進してくれる成分です。23億年前、大気中に酸素が増え始めたとき、嫌気性生物の一部が進化し、抗酸化物質と抗酸化酵素を使いこなす仕組みを発達させました。こうして誕生したのが好気性生物なのです。

凄まじき酸素のパワー

酸素を利用できるようになったのは、生命史上、最大の革命だといっていいでしょう。酸素は反応性が高いから毒になるわけですが、逆に反応性が高いからこそ生み出されるエネルギーも膨大なものとなりました。同じ量の有機物を消費しても、得られるエネルギーの量は、酸素を利用することによりケタ違いに大きくなるのです。

たとえば、グルコース（ブドウ糖）1分子を消費して、細胞内でエネルギー源となるATP（アデノシン三リン酸）を作り出すケースを考えましょう。

酵母菌がお酒を作るのは、アルコール発酵が行われるためです。また、乳酸菌がヨーグルトを作るのは乳酸発酵が行われるためです。いずれも微生物の細胞内で酸素を使わない解糖系と呼ばれる反応が生じており、グルコース1分子を消費するごとにATPは2分子作られます。

・アルコール発酵　$C_6H_{12}O_6 \rightarrow 2C_2H_5OH+2CO_2$：2ATPが生成

・乳酸発酵　$C_6H_{12}O_6 \rightarrow 2C_3H_6O_3$：2ATPが生成

一方、人間が酸素を使って呼吸する場合は、グルコースは酸素と反応して完全に燃焼し、二酸化炭素と水が生じます。これにともない、ATPは38分子作られます。つまり、同じ量のグルコースを消費しても、得られるエネルギーは、なんと一気に19倍に跳ね上がるわけです。

・酸素呼吸　$C_6H_{12}O_6+6O_2+6H_2O \rightarrow 6CO_2+12H_2O$：38ATPが生成

動物は、その名のとおり、動きまわるのが特徴ですが、活発に動くために動物は例外なく酸素を利用して呼吸を行っています。一方、植物も、じっとしているから酸素は必要ないというわけにはいきません。芽を出して茎が伸び、葉が茂って花を咲かせるといった豊かな活動をしようと思ったら、やはり酸素が生み出す膨大なエネルギーが必要です。

また、そもそも動物や植物が多細胞生物になれたのも、酸素呼吸を取り入れたからです。嫌気性生物は、細胞1個だけで生きている単細胞生物だけです。1個の細胞でできることには限界があり、高等な生物には進化できません。一方、哺乳類を筆頭にすべての高等生物は、多くの細胞が集まって共生している多細胞生物です。たとえば、人間の場合は、60兆あるといわれている細胞がそれぞれの役割を分業しながら一人の身体で共存しています。

こうした多細胞生物になるためには、酸素の力が不可欠でした。多細胞生物の身体を作り上げるには、それだけで巨大なエネルギーが必要となるからです。

動物の身体は、一個一個の細胞が互いにくっついていることで成り立っています。では、細胞を結びつけている成分が何なのか、ご存じでしょうか。その成分の名前は、どなたでも知っているはずです。答えは、コラーゲンなのです。

コラーゲンというと肌をプリンプリンさせるためのものだと考えている方が多いようですが、これは医学的にはかなり誤解があることです。

コラーゲンとはタンパク質の一種です。人間に限らず、多細胞の動物は、すべてこのコラーゲンによって細胞と細胞を結びつけることで、それぞれの種に特有の形態を維持しています。もし、私たちの身体から、コラーゲンを取り除いたら、全身の細胞はすべてバラバラになってしまいます。そうならないように、人間も含め動物の身体はそもそもコラーゲンだらけなのです。

「最近、コラーゲンが不足してお肌がたるんできたわ……」などと女性が嘆くことがありますが、そもそも人体全体のタンパク質の25％から35％はコラーゲンが占めており、体内で最多のタンパク質です。たとえ、よぼよぼのお年寄りであっても、やっぱり人体はコラーゲンだらけなのです。もちろん、お肌の形状もコラーゲンによって維持されているのは事実ですが、人体におけるコラーゲン全体の役割の中では、ごくごく一部にすぎません。さらに、お肌であってもコラーゲンが行っているのは細胞と細胞を結びつけて形態を維持することが中心です。けっして、お肌をプリンプリンさせているわけではありません。なぜなら、コラーゲンは丈夫なので形を維持するのは得意ですが、その分、弾力性は乏しいので、プリンプリンさせることがむしろ苦手なのです。肌をプリンプリンさせている正体は、エラスチンなど弾力性を持った別の線維です。

このように、コラーゲンは多細胞生物である動物の形態を支えるきわめて重要な成分なのですが、これを作るのには膨大なエネルギーが必要となるのです。酸素を使わずに、こうしたエネルギーを用意するのは生命にとってきわめて困難なことです。多細胞生物が誕生したのがいつなのかは、まだはっきりとしていませんが、少なくとも、生命が酸素呼吸を始めるまでは、地球上に存在しなかったのは確かです。現在でも、嫌気性生物の中に多細胞生物は存在しませんが、これも大量のエネルギーを供給できないことが原因だと思われます。

リケッチアとの共生

人間も含め動物や植物の細胞は、ミトコンドリアという細胞内小器官によって酸素を利用しエネルギーを効率よく生み出しています。生命が酸素を使えるようになったのが第一の革命だとすれば、第二の革命は動物や植物がミトコンドリアを利用できるようになったことでしょう。ミトコンドリアは、猛烈な勢いで酸素を使い大量のエネルギーを生み出しています。人間が身体を動かしたり、頭を使って考えたりするには膨大なエネルギーが必要ですが、これを供給してくれているのは、大半がミトコンドリアなのです。

6億年前になると、大気中の酸素は、さらに増加しますが、これにともなって、三葉虫やサンゴ、それに貝類など多様な多細胞生物が一気に出現しました。これが「カンブリア爆発」と呼ばれている現象です。こうした高度な生命は、ミトコンドリアを獲得したからこそ生み出されたものです。

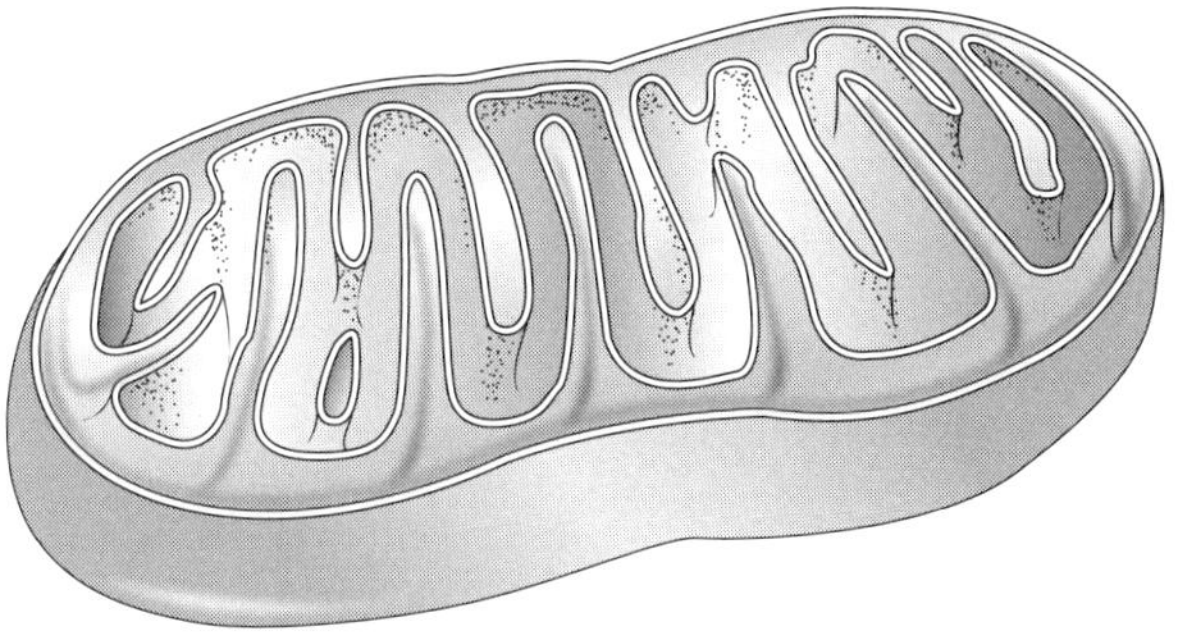

細胞共生によって嫌気性生物に取り込まれたとされる細胞小器官「ミトコンドリア」

細胞の中にあるミトコンドリアは、細胞の本体とはもともとは別の生物だったと考えられています。酸素を使ってエネルギーを生み出せる特殊な生物が、別の生物の細胞に取り込まれて寄生を始め、この2種類の生物が共存共栄するようになったのです。宿主となった細胞にとっては、ミトコンドリアの生み出すエネルギーが得られるという利点があります。一方、ミトコンドリアにとっては寄生している細胞に守られて生きていけるわけです。まさに持ちつ持たれつの関係で、企業の合併のお手本になるようなシナジー効果がありました。

ちなみに私たち人間の細胞についても、ミトコンドリアを形作る遺伝子の一部は、核ではなく依然としてミトコンドリアの中にあります。つまり、ミトコンドリアがもともと別の生物だった痕跡は、現在の遺伝子にも残されているわけです。

では、ミトコンドリアは、私たちのご先祖様の細胞に寄生する前は、どんな生物だったのでしょうか。遺伝子の分析から、もともとはリケッチアという病原菌の仲間だったことがわかっています。リケッチアという名前はあまり耳にしないかもしれませんが、感染症の原因となるため、医者にとってはなじみの深い微生物です。

ツツガムシ病という病名を一度は聞いたことがあると思います。ツツガムシというダニの一種に嚙まれた後、39度を超える高熱とともに皮膚に湿疹が出る病気です。聖徳太子が隋《ずい》の煬帝《ようだい》にあてた手紙の冒頭が、「日出ずる処の天子、日没する処の天子に書をいたす。つつがなきや」という書き出しだというのはよくご存じだと思います。「ツツガムシ」は、この「つつがない」という言葉と語源が共通しているともいわれています。

なぜ、こんな病気になるかというと、ツツガムシに嚙まれたときにリケッチアという細菌がツツガムシから人体に移行するからです。つまり、リケッチアがツツガムシ病を起こす原因菌だというわけです。

また、オウム真理教の麻原彰晃教祖が、「国家の陰謀でリケッチアに感染させられている」とメディアに訴えていたことを覚えている方も多いでしょう。もちろん、これはまったく根拠のない言いがかりだったわけですが、リケッチアはツツガムシ病以外にも、発疹チフスや日本紅斑熱などのさまざまな病気を引き起こす原因菌だというのは事実です。

このようにリケッチアは病気を引き起こすやっかいな微生物ですが、人間をはじめ動物の活動を支えるミトコンドリアがもともとリケッチアの仲間だったというのは、医者にとっても驚きです。生命の歴史の壮大さを改めて感じさせられます。

ちなみに、リケッチアの仲間が細胞に共生してミトコンドリアになったのと同じように、植物の葉緑体はシアノバクテリアという光合成をする微生物の仲間が細胞に共生したものだと考えられています。つまり、植物はリケッチアの仲間とシアノバクテリアの仲間と両方を細胞に引き入れたわけです。もともと地球に酸素をもたらしてくれたのがシアノバクテリアだったわけですが、葉緑体を持つ現在の植物は、すべてシアノバクテリアの仲間を細胞に引き入れることによって飛躍的に繁栄できたわけです。共生が持つ底力を痛感させられます。

第6章

癌細胞 vs. 正常細胞
「酸素」をめぐる攻防

生命にとって、酸素は原発に似ている！

ここまで、数十億年に及ぶ酸素と生命とのかかわりについてお話ししてきましたが、私は、人体にとって酸素とは、現代社会における原子力発電によく似ていると感じられてなりません。乱暴な比較かもしれませんが、科学的にみると、生命が行う酸素呼吸は原子力発電に共通点が多いのです。どちらも莫大なエネルギーを生み出す一方で、それにともなって大きなリスクも抱え込んでしまっている点が共通しています。

エネルギーとは、不安定なものが安定なものに変化するときに生じるものです。原子力発電の場合は、まず燃料のウラン２３５に中性子が当たってウラン２３６が生じます。この原子核はものすごく不安定なため、自ら分裂し、より安定な原子核を目指して元素が次々に変化していくのです。原発は、そのときに発生するエネルギーを電気に変換するものです。得られるエネルギーは、不安定な状態と安定な状態との落差に相当します。原発で巨大な電力が生み出されるのは、ウラン２３６がきわめて不安定だということを反映しているのです。

一方、人体が酸素を利用して生きている仕組みも、不安定な状態と安定な状態との落差を利用している点では原発と同じです。人体は有機化合物と酸素分子を反応させ、二酸化炭素と水に変えることでエネルギーを取り出しています。2つの酸素原子が結合した酸素分子の状態に比べると、酸素原子が炭素原子と結合している二酸化炭素や、酸素原子が水素原子と結合している水の状態のほうが、はるかに安定的です。この大きな落差が人体の活動を支えるエネルギーの根源となっているのです。

大気中には酸素よりも窒素のほうがはるかに多いのですが、窒素の場合はこうした落差がないのでエネルギーを取り出すことはできません。だから窒素を使って呼吸することは不可能なのです。実際、呼吸ができなくて窒息してしまう気体だという意味で、窒素という名称がつけられました。

ただし、不安定な状態と安定な状態との落差が大きいというのは、良いことばかりではありません。原発は膨大なエネルギーを生み出す一方で、反応が連鎖的に起こるため制御が困難だという大きな危険性をはらんでいます。これについても、酸素の利用はよく似た問題を抱えているのです。

酸素分子があまりにも不安定なため、反応が連鎖的に生じることがあります。その典型例が火事です。火事は、木材などの有機化合物が酸素と反応し、安定な状態にとめどなく移行し続けるという現象です。

実は、火事と同じような反応が、人体でもつねに生じています。人体は有機化合物の固まりですので、空気中にさらしておくと、やはり酸素と次々に反応していきます。火事と比べればはるかに穏やかではありますが、安定な状態に移行していくという反応の方向性はまったく同じです。

天ぷら油を長期間にわたって空気にさらしておくと劣化してしまうというのは、料理をしたことがある人ならどなたでもご存じのことでしょう。人体を構成するすべての細胞は脂肪の膜で覆われているので、酸素と触れると体内でもこれと同じことが起こります。また、細胞の中にある遺伝子も酸素によって傷つきます。

癌と酸素の深い関係

酸素は生命に対して高いエネルギーをもたらしてくれるという大きなメリットがある一方で、もともとは細胞にとって毒だったため害も及ぼすという光と陰の両面があるというのは、ご理解いただけたと思います。

実は、人類の脅威となっている癌という病気も、酸素がもたらした陰の側面のひとつだといえるのです。

癌とは、ひと言でいうと、細胞が無限に増殖してコントロールがきかなくなってしまう病気です。つまり、多細胞生物としての失敗が癌の本質なのです。

先ほど説明したように、生命は酸素を利用して大きなエネルギーを利用できるようになったからこそ多細胞生物に進化できました。これは地球上で繁栄するうえで画期的な進歩だったわけですが、同時に、多細胞で生きていく仕組みがうまくいかなくなる癌という病気の火種を抱え込んでしまうことにもなったのです。

生命は、酸素が生み出す膨大なエネルギーを利用して細胞と細胞を結びつけるコラーゲンを作り上げたのですが、これだけでは、単に多くの細胞が集まって団子のように固まるだけで、高度な機能を発揮することはできません。さらに各々の細胞同士がコミュニケーションをとり合い、効率よく分業する仕組みを築き上げました。これにともなって大きな問題に浮上したのが、細胞の増殖を制御することでした。

それまでの単細胞生物だった時代には、私たちの祖先は、少しでもエネルギーに余力があれば、ひたすら細胞分裂を繰り返し、できる限り細胞の数を増やすことで勢力の拡大を図ってきました。単細胞生物にとっては、その数を増やせば増やすほど、子孫を残せる可能性が高まるので、エネルギーに余力があれば、躊躇《ちゅうちょ》することなく、ひたすら細胞分裂を繰り返せばよかったのです。

長くそうした性質によって命をつないできたため、人体の細胞も、すきあらば増殖するという基本的な性質を、本質的には今なお抱え込んでいます。もちろん、身体全体のためには個々の細胞が増えすぎては困るので、それぞれが適正な数に制御される仕組みを持っています。しかし、その陰で、本当は無限に増殖したいという欲望にも似た根源的な性質は依然として細胞の中に生き続けているのです。つまり、単細胞生物から進化した私たちの細胞は、たとえ健康であっても、ストッパーが外れたら、いつでも癌細胞になりうる危険性をはらんでいるわけです。

ただし、仮に一部の細胞が無限に分裂を続けるとしても、その速度が遅ければ、人体にとって、さほど大きな脅威にはなりません。次に問題になるのが、分裂のスピードです。これについても、決め手となるのは酸素の利用です。

好気性生物は酸素呼吸をする機能を獲得したことにより、その巨大なエネルギーを使って細胞を爆発的なスピードで増殖できる能力も手にしてしまいました。実際、条件さえ整えば、人間の細胞はわずか20時間で分裂できるので、細胞の数は20時間ごとに2倍に増え続けることが可能なのです。単純計算すれば、たった1個の癌細胞でも倍々ゲームで増殖することで、1ヵ月が経過すると700億個に増殖できることになります。このようにして増えた細胞による異常な代謝によって身体全体の機能が維持できなくなるのが癌という病気の正体です。

このように考えると、癌という病気の起源は、酸素を利用せずに単細胞生物として生きていた生命が、途中から酸素を利用して多細胞生物に進化したことにあったということがよくわかります。酸素の利用は、生命が高等生物に発達するうえで不可欠なことでしたが、同時に癌というパンドラの箱を開けることにもなったわけです。

活性酸素と癌

もちろん人体は、こうした不都合が生じないように、癌抑制遺伝子など細胞の増殖を抑える仕組みを築き上げています。ところが、困ったことに、これらを壊してしまう性質も酸素が持ち合わせているのです。

体内に入った酸素の一部は、どうしてもスーパーオキシドアニオン（・O_2^-）やヒドロキシルラジカル（・OH）などのきわめて不安定で反応性の高い物質に姿を変えます。これが活性酸素と呼ばれているもので、細胞膜や遺伝子を傷つけてしまうのです。せっかくの癌抑制遺伝子も、活性酸素で壊されたら、もはや癌を抑制する機能は発揮できません。肺癌、大腸癌、胃癌、肝臓癌、膵臓《すいぞう》癌、食道癌……。さまざまな癌が現代人の命を奪っていますが、そのほとんどは何らかの形で発癌に酸素がかかわっています。酸素は莫大なエネルギーをもたらす一方で、ひとたび人体に牙を向くと、その破壊力は恐ろしく強大なものとなるのです。

さらに、私たち人間が脳を巨大化させたことで、癌になる確率が高まってしまった可能性があると指摘されています。巨大な脳では大量の酸素が消費されています。脳は体重の約２％の重量しかありませんが、全身で消費するエネルギーのじつに20％を消費しています。これによって膨大な脳の神経細胞を発火させることが可能になり、高度の知能活動が営まれているわけですが、それと引き換えに、活性酸素の量も増えてしまい、癌の発症を助長してしまったと考えられるのです。

ただし、脳の巨大化が癌の発症率に及ぼした影響はこれだけではありません。ご存じのように、癌は高齢になればなるほど発症率が高まります。このため、野生動物と比べれば、人間だけが不自然なほど長寿になったため、癌が増えたのだろうと昔は思われていました。ところが、きめ細かい健康管理が行われている動物園などで飼われている動物の場合、人間と同じように長寿を享受しているのですが、不思議なことに人間と比べれば癌で死亡する動物ははるかに少ないのです。実際、チンパンジーは人間と遺伝子がかなり共通しているにもかかわらず、癌で死亡する割合はわずか２％程度です。一方、日本人の場合、癌で死亡する割合は約30％にのぼっており、この大きな較差は活性酸素の量だけでは説明できません。このことから、人間には癌を生じやすい特殊な事情があるのではないかと考えられるようになってきました。

その答えが、人間の巨大な脳の材料になっている脂肪にありました。脳は、水分を除くと6割が脂肪でできています。意外かもしれませんが、おおざっぱにいうと脳とは脂肪の塊なのです。

これには理由があります。脳が膨大な情報を処理できる理由は、無数の神経が電気的な刺激を伝え合うからです。つまり、脳の中で情報を処理している正体は電気の流れなのです。このため、正しく作動させるためには、神経を絶縁体で覆う必要があります。そうしないと、電気がショートしてしまい、脳の情報処理は大混乱してしまうのです。

この絶縁体として利用されているのが脂肪なのです。脂肪は電気を通しにくいうえに、生命にとってはそこらじゅうで使われているありふれた成分なので、神経を覆う絶縁体としてはうってつけだったわけです。実際、脳内の神経は何らかの形ですべてが脂肪分で覆われています。

このため、人間が脳を急激に発達させるためには、脂肪を作る能力を高める必要がありました。そこで、人体は脂肪酸を合成するためのきわめて高性能な酵素を獲得したのです。正確にいうと、人間は進化の過程でこの酵素を獲得したので、結果として脳が巨大化したということです。実際、ブドウ糖から脂肪を合成する能力を比較すると、人間は哺乳類の中で傑出して高いのです。

反面、皮肉なことに、この能力の獲得が癌細胞につけいるすきを与えることになりました。癌細胞は、脂肪の合成力が高まったことによって、ふつうの細胞であれば増殖できない低酸素状態でも増える能力を獲得してしまったのです。

私たち人間は、言うまでもなく酸素を使って呼吸をする好気性生物です。ところが、人体に発生する癌細胞だけは、酸素呼吸を行わない嫌気性生物であるかのような振る舞いをしています。この現象は、カイザー・ヴィルヘルム生物学研究所（ドイツ）のオットー・ワールブルク博士によって発見されたため、ワールブルク効果と呼ばれています。実際、ジョージア大学（米国）のジュアン・キュイ博士らの研究によると、ほとんどの癌の病巣は、その周辺も含めて極端な低酸素状態になっていることがわかっています。

なぜ脂肪の合成力が高まると、癌細胞は低酸素でも増殖できるのでしょうか。生物は、解糖系という仕組みを使ってブドウ糖をピルビン酸に代謝し、これをミトコンドリアの中で酸素を使って燃焼させることで、エネルギーを取り出しています。しかし、低酸素状態では、ピルビン酸を燃焼できないため、生命活動に必要となる十分な量のエネルギーを獲得できません。その結果、タンパク質の合成をはじめとして、さまざまな生命活動に支障をきたし、細胞分裂ができなくなるのです。

ところが癌細胞は、正常な機能を失った、いわば〝できそこないの細胞〟なので、とり

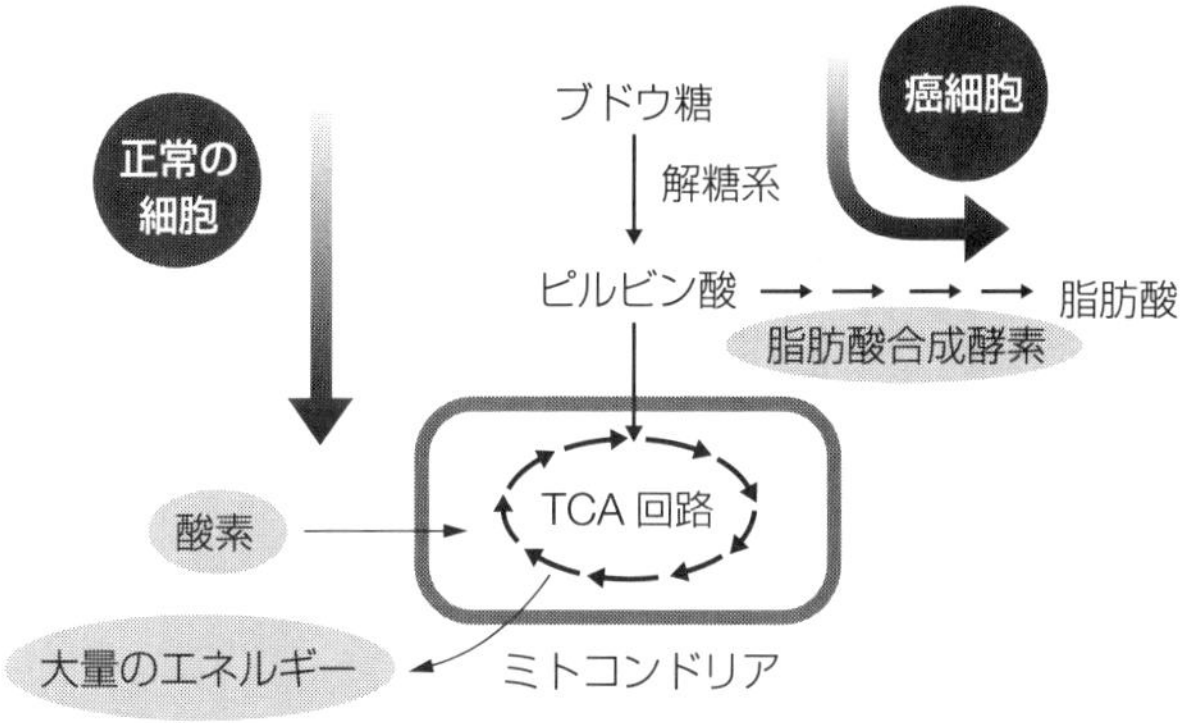

脂肪酸合成力が高まったことで、癌細胞が増殖するリスクが増した

あえず最小限のタンパク質と脂肪さえ合成できれば、少ないエネルギーでも細胞分裂することが可能です。

もともと癌は猛烈なスピードで細胞分裂をするため、あっという間に酸素を使い果たしてしまいます。狭い部屋に大勢の人が押し込められ、激しい運動をしたら、部屋の中は酸素が少なくなりますよね。人体でも、これと同じことが起こるわけです。こうした過酷な状況でも、癌細胞は、脂肪さえあれば細胞分裂を続けることができるのです。カタロニア癌研究所（スペイン）のハビエル・メネンデス博士らの研究によって、少なくとも胃癌や大腸癌、それに乳癌や肺癌ではこうした現象が起きていることが確認されています。

もし、人間が、他の動物と同じレベルの脂肪合成能力しかなかったら、私たちはこれほどまでに癌に苦しまずにすんだかもしれません。実際、脂肪の合成能力を奪うと低酸素でも細胞分裂ができるという癌細胞の優位性は消えてしまいます。ジョンズ・ホプキンス大学（米国）のフランシス・クハッジャ博士らの研究グループは脂肪酸の合成を阻害するC75という薬剤を加えると、癌の増殖が抑えられることを実験で確認しています。

低酸素状態に置かれると、人体はもうひとつ、癌細胞に付け入るすきを与えてしまいます。人体には白血球を中心にした免疫システムがあり、病原菌や癌細胞から身を守っています。このときに活性酸素も利用しているのです。

活性酸素は破壊力があるため、正常な遺伝子を傷つけ癌細胞に変える困ったものではあるのですが、人体はこの破壊力を逆手にとって、体内に侵入してきた病原菌や発生してしまった癌細胞を撃破する仕組みを発達させました。いくら清潔にしていても、体内には無数の細菌が次々と入り込んできます。また、健康な人であっても、実は、癌の細胞自体は体内で次々に発生していて、1日に発生する癌細胞の数は一説には5000個ともいわれています。人体はこれに対抗するために、活性酸素を使って病原菌や癌細胞を破壊しているのです。

ところが、免疫システムで使用される活性酸素は、主に細胞内のミトコンドリアで酸素を使って生み出されます。このため、低酸素状態に置かれると、人体は活性酸素を作れなくなり、免疫システムが働きにくくなるのです。こうしてむざむざと癌細胞が大きくなるのを許してしまうわけです。

もちろん、低酸素状態は癌細胞にとっても居心地の良い環境ではありません。先ほど、酸素が生み出す莫大なエネルギーを使って、癌細胞は最速で20時間で倍増できるとお話ししました。しかし、さすがの癌細胞も低酸素状態では細胞分裂の速度は遅くなってしまいます。さらに低酸素を通り越して無酸素の状態にまでいたれば、癌細胞は、あたかも冬眠をするクマのように、活動を極端に低下させます。

ただし、周囲の免疫システムも機能していないので、それで癌細胞が死んでくれるわけではありません。春になったらクマが冬眠から目覚めるように、酸素が回復してきたら、また細胞分裂を再開させるのです。

また、あまりにも酸素が低下しすぎて居心地が悪くなると、一部の癌細胞は、逃げ出していきます。しかし、癌細胞が減ってくれて良かったなどとは思わないでください。逃げ出すといっても、癌細胞が行き着く先は体内の別の場所です。これは、なんという現象か、おわかりになりますか。そうです。転移なのです。低酸素状態になると、転移が増えるという現象は、多くの癌で確認されています。癌が局所にとどまらず転移してしまうと、命の危険が一気に高まります。低酸素状態は、その引き金を引いてしまうのです。

以上をまとめると、癌細胞は、酸素が豊富にある環境では、酸素が生み出す膨大なエネルギーを利用し、最短でわずか20時間で倍増するという驚異的な増殖を行う一方で、酸素を使い果たしたら嫌気性生物のように無酸素呼吸を行い、周囲の免疫力が低下するのをいいことにマイペースで増殖し続けます。癌は酸素のあるなしで、好気性生物と嫌気性生物の2つの顔を上手に使い分け、人体の中で着実に増殖していくわけです。

癌予防は抗酸化成分で

「コーヒーを飲んだら肝臓癌を予防できる（パスカル財団癌研究所）」
「魚に含まれるオメガ3系脂肪酸をとれば、大腸癌を予防できる（エジンバラ大学）」
「キャベツやブロッコリーを生で食べると膀胱癌を予防できる（ロズウェルパーク癌研究所）」
「タマネギやニンニクを食べると大腸癌を予防できる（ミラノ大学）」

現在、こうした食事による癌予防の効果が次々と解明されています。食事の場合は、薬物にくらべて副作用の心配が少なく、費用も安価ですむので、こうした研究はどんどん進めるべきです。また、一般の方にももっと関心を持ってもらいたいというのは、医者として率直な感想です。

ただし、ここでこの話題を持ちだした理由は、そのほとんどが、活性酸素を防ぐ作用がかかわっているからです。特に多いのは、食品の中に抗酸化作用を持った成分が含まれているため、癌になりにくいというものです。

これは、生命の歴史を考えれば、十分にうなずけることです。よくよく考えれば、食品として私たちが口にしているものは、動物であっても植物であっても、大半が多細胞生物です。彼らは、何も自分たちを食べる人間の癌を減らす目的で、わざわざ抗酸化成分を作っているわけではありません。自分たちが多細胞生物として生きていくために、遺伝子や細胞膜を酸素から守ろうと抗酸化成分をせっせせっせと合成しているわけです。人間はそれを横取りしているにすぎません。

こうした現象を特に端的に表しているのが、野菜の健康効果です。鮭に含まれるアスタキサンチンなど抗酸化物質は動物からもとることはできますが、一般的には、肉や魚よりも野菜のほうが抗酸化物質は多い傾向にあります。実際、植物のほぼすべてが、ある程度は強力な抗酸化物質を持っています。実は、これには確固たる理由があるのです。

植物は日光が当たらなければ光合成ができません。だから、大きな葉っぱで日光を受け止めようとします。ただし、日光には紫外線も含まれており、紫外線が当たることで活性酸素が生じ、細胞や遺伝子にダメージが加わります。これは、私たち人間だけでなく、植物だって事情は同じなのです。日光を積極的に浴びなければならない植物にしてみれば、紫外線対策は動物以上に切実な問題だといえます。

そこで植物がとった対策が、強力な抗酸化物質を大量に作り出すことでした。実際、日光が強く当たった部分のほうが、抗酸化物質の量が増える傾向にあります。もちろん、光合成の効率も良いので、日が当たった部分は葉緑素も多く、緑色が濃くなっています。だから、スーパーや八百屋さんで葉野菜を買う場合は、緑色の濃い野菜を選んで買ったほうが、抗酸化物質が多いのでお得です。

また、緑以外でも植物の持つ色素は多くが抗酸化作用を持っているため、やはり色の濃い野菜のほうが効果的です。

せっかくですので、抗酸化物質の多い野菜をリストアップしておきましょう。

- βカロテン（オレンジ色）　ニンジン・カボチャ
- リコピン（赤色）　トマト・スイカ
- βクリプトキサンチン（黄色）　温州みかん
- カプサンチン（赤色）　唐辛子
- クルクミン（黄色）　ウコン（カレーなどに含まれるスパイスの原料）

人間だって日光に当たったほうがいい

植物が日光の紫外線に当たることによって抗酸化物質を生み出すように、人間も紫外線に当たれば癌を抑える成分が体内で合成されるということがわかってきました。日光に当たる時間と発癌率との関係を調べる研究は、最近、特に注目を集め盛んに行われるようになっています。言うまでもなく皮膚癌だけは、日光に当たる時間が長いほど発病率が高まりますが、それ以外の癌については、日光に当たることが予防効果を持つという研究結果の発表が相次いでいるのです。

たとえば、ブルックヘブン国立研究所（米国）のリチャード・セトロー博士らは、住んでいる地域の緯度と発癌率との関係を詳細に分析しました。赤道に近い低緯度の地域は紫外線の量が多く、高緯度になるほど紫外線の量が減ります。これがそれぞれの癌に及ぼす影響を調べたところ、大腸癌、肺癌、乳癌、前立腺癌といった主要な内臓の癌について、いずれも高緯度地域に住むほど発病率が高まる傾向があることがわかりました。

紫外線が皮膚に当たると、ビタミンDが活性化します。これによりカルシウムの代謝が高まることは以前から知られていましたが、同時に癌を予防する作用も果たしているのではないかと考えられています。どの程度、日光に当たればいいのかについては、発表されている論文によってさまざまで、まだ統一した見解は得られていませんが、全体的にみれば、おおむね1日に20分程度で充分なようです。

運動は健康に良くない？

世間では、運動が健康に良いのは当たり前だと考えられているようですが、やり方を間違えれば逆効果になってしまいます。実際、かつては運動すると体内で活性酸素が生じるので癌を増やすのではないかといわれたこともありました。

確かに、運動をすれば呼吸によって体内に取り込まれる酸素が増えるので、それにともなって活性酸素も増加するのは当然のことです。ただし、これで癌が増えるかというと、そんなことはありません。ふだんの運動量と発癌率との関係についても、世界中で数多くの研究が行われていますが、ほとんどが運動量が多いほど発癌率が抑えられるという結果を示しています。

なぜ、癌が減るかというと、運動によって一時的に活性酸素が増えるものの、その刺激によって体内では抗酸化酵素が増加し、これが長期間にわたって発癌を抑える作用を発揮してくれるからです。さらに運動によって肥満やメタボリック症候群が解消されますが、これによる癌の抑制効果も加わります。

ただし、たとえ一時的にせよ、運動にともなって活性酸素が増えるというのは事実です。そのダメージを最小限にとどめるためには、ある日、突然、急激な運動を始めるといったことは避けるべきです。まずは緩やかな運動から始め、数週間をかけて徐々に運動強度を上げたほうがよいのです。そうすれば、先に体内で抗酸化酵素が増えますので、本格的な運動を行っても活性酸素にむしばまれるのは最小限にとどめられます。

私自身も、たった10分間ほどではありますが、健康のために、毎朝、ジョギングをしています。走りながら酸素をたっぷりと含んだ空気を肺いっぱいに吸い込むと、なんとも気持ちがよく、都会の生活では忘れがちな生きている実感をはっきりと思い起こさせてくれます。多細胞生物である人間にとって、体内に酸素を取り入れて消費することは、生きていることそのものだと、改めて感じるのです。

私たちにとって酸素は、生き生きとした暮らしを送るためのエネルギーを生み出してくれる一方で、癌という試練も与える諸刃の剣のような存在です。この酸素が持つ光と陰の両面から目を背けず、真っ正面から向き合っていくことが健康で充実した人生を歩むためには不可欠だと私は考えています。

第7章　鉄をめぐる人体と病原菌との壮絶な戦い

貧血は細菌から身を守る高度な防御機能だった？

宇宙生物学の視点で地球上の生命をみていくと、鉄という元素に関して意外な一面がみえてきます。私たちはふだん、ほとんど気にかけることはありませんが、実は地球上の生物は、激しい鉄の奪い合い競争を繰り広げているのです。これは、私たち人間についても例外ではありません。

現代に生きる女性の多くが、貧血に悩まされています。その主な原因は、赤血球の原料となる鉄分の不足です。でも、地球という惑星の特徴を考えると、これは不思議な現象なのです。地球では鉄はそれほど貴重な元素ではありません。だから、はじめから鉄が不足しないように人体を設計することは、さほど難しいことではなかったはずなのです。

地球に最も多い元素はケイ素でも酸素でもなく、実は鉄なのです。なんと鉄は地球の重量の3分の1を占めており、地球は鉄の塊だといってもいいくらいです。鉄は重いので、その多くは地球の中心部に沈み込んでいますが、私たちの住む地表にも、鉄の元素はそこらじゅうにあり、重量比で5％から6％を鉄が占めています。人類の文明が鉄を利用することで発展したのも、鉄が容易に手に入る金属だったからです。

そんなにありふれた元素なのですから、不足しないように多めに体内に取り込まれる仕組みを人体に発達させておくことは、進化のうえで、さほど困難なことではなかったはずです。しかし、現実には、私たち人間は身体を進化させる過程で、こうした選択をしませんでした。だから、多くの方が鉄欠乏性貧血に苦しんでいるのです。そこには、何らかの具体的な理由があったはずです。

実は、感染症の研究から、その謎の一端が明らかになってきました。シンガポール国立大学のデリック・セク・トング・オング博士らは、伝染病から身を守る人体の免疫の仕組みを鉄の代謝に焦点を当てて分析しました。その結果、人体は必要最小限の鉄しか持たないことによって、感染症の予防に役立てていることがわかったのです。これを元にセク・トング・オング博士は、人体に何か欠陥があって鉄が不足してしまうのではなく、病気を防ぐためにわざと鉄を不足させているというのが人体の実態だと指摘しています。

ほとんどの細菌にとって、鉄は生きていくために不可欠な元素です。このため、鉄が人体の中に豊富にあると細菌が繁殖しやすくなるので、病気にかかりやすくなるわけです。

人体にとっても鉄は必要な元素なので不足するのは辛いことですが、病気で死んでしまったら元も子もありません。だから、苦しくても鉄を不足させ、病原菌を兵糧攻めにするわけです。特に女性の場合は子宮から病原菌に感染しやすいため、たとえ貧血になってでも鉄を多少は不足ぎみにしておくほうが有利だったといえるのです。こうした仕組みは

「鉄・差し控え戦略」と呼ばれ、人類が生き延びるうえで重要な役割を果たしてきたと考えられています。

しかし、病原菌も負けていません。彼らは彼らで、自らの生き残りをかけ、必死になって鉄分を奪いにきます。ふだん、私たちは意識することはありませんが、人体ではこうした壮絶な鉄分の奪い合い競争がつねに繰り広げられているのです。鉄という元素に着目すれば、今まで見落としていた生命の真実が浮き彫りになってきます。

地球は鉄の塊

そもそも、人間にとっても微生物にとっても、どうして鉄分がこれほど必要になったのでしょうか。その謎を解くカギは、岩石型惑星に特徴的な地球の組成にあります。

液体や気体の水素・ヘリウムが大部分を占める木星や土星に対し、固い地表に覆われている水星や金星、それに地球や火星は岩石型惑星と呼ばれています。ただし、岩石型惑星だといっても、惑星が丸ごと岩石でできているわけではありません。岩石に覆われているのは地表に近い地殻と呼ばれる部分だけです。岩石の主成分は二酸化ケイ素です。元素でいうと酸素とケイ素が主成分です。実際、地球の場合、地殻だけに限れば、重量比でみると46％が酸素、次に多いのがケイ素で27％と、だいたい2対1になっており、二酸化ケイ素の比率と一致します。

ただし、地球全体でみると、地殻の厚さは大陸の部分が平均で40キロメートル、海の部分はわずか6キロメートルしかありません。一方、地球の半径は約6370キロメートルもありますので、地殻は地球の表面を薄く覆っているだけです。地殻をみて地球全体をイメージするのは、リンゴにたとえれば、皮だけをみて全体を判断するようなものです。実はその下に、はるかに大きな体積を占める果肉があるように、地球の場合は、体積の8割を占めるマントルや、さらに中心部には核があることを忘れてはいけません。

地球を全体的にみると、最も多い元素は鉄で、地球全体の約3分の1の重量を占めています。地殻にはそれほど多くないのは、酸素やケイ素と比べれば鉄は圧倒的に重いので、地球が誕生した当初、ドロドロに溶けていたときに、深部に沈み込んだためです。よく、地球は水の惑星だといわれますが、水は表面をごくごく薄く覆っているだけで、実態としては鉄の惑星だといったほうが適切でしょう。

鉄が多いというのは地球に限ったことではなく、金星や火星など岩石型惑星に共通してみられる特徴です。そこで、岩石型惑星という名称では誤解を招くとして、最近では地球型惑星と呼ばれるケースが増えてきました。

数多くの金属の中で、鉄だけが、こうした惑星を構成する元素として圧倒的に多くなったのは、偶然ではありません。すべての元素の中で鉄の原子核が最も安定しているので、そもそも宇宙の中では鉄が特に生み出されやすい性質を持っているのです。

鉄は原子番号が26の元素で、原子核には26個の陽子があります。この陽子の数が、原子核の安定している理由です。一般的には、陽子が1個の水素、陽子が2個のヘリウムといった具合に、陽子の数が増えるほど原子核はより安定になります。ところが、陽子が26個の鉄を超えると、今度は逆に陽子が増えるごとに原子核はより不安定になっていきます。これを横軸には陽子の数、縦軸には原子核のエネルギーを示すグラフで描くと、図のようにV字形になります。原子核が最も安定になるV字の谷底に相当する元素が鉄だというわけです。

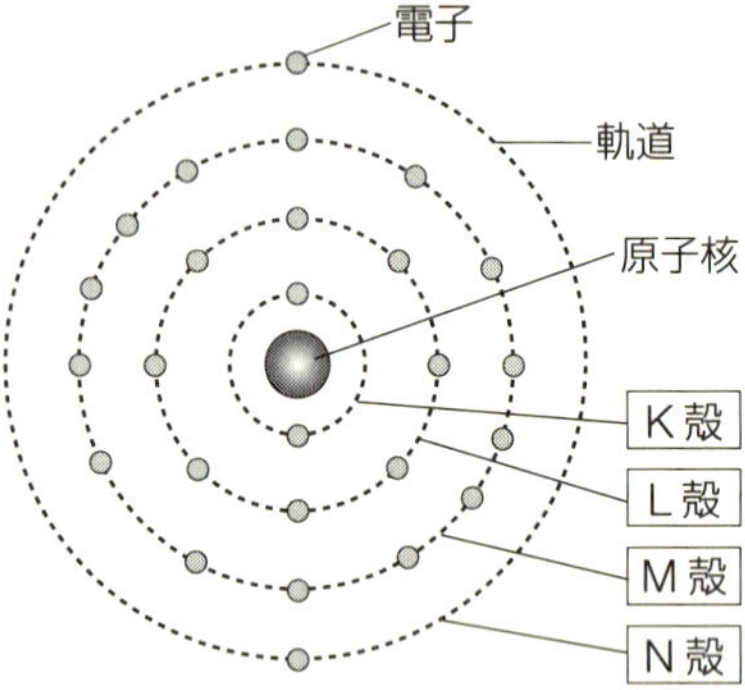

鉄原子の電子配置図

138億年前に宇宙が誕生した当初は、陽子が1個の水素と陽子が2個のヘリウムしかありませんでした。しかし、その後、太陽のような恒星ができると、その内部で核融合が起こり、水素が集まってヘリウムが生まれ、ヘリウムが集まって炭素が生まれ

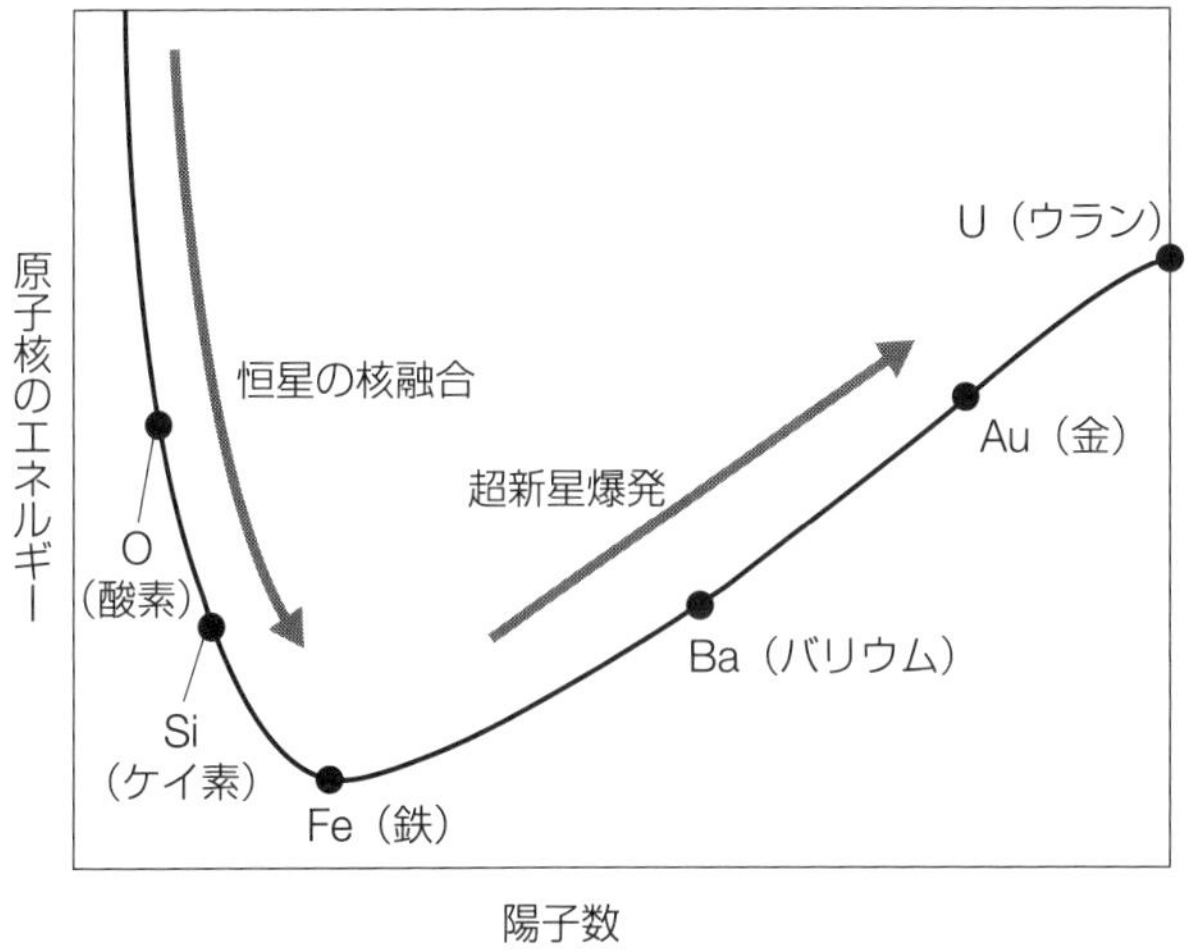

原子核が最も安定的な状態にある元素は鉄

るといった具合に、徐々に重い元素が作られました。恒星の中で行われる核融合は、V字形の谷を流れ落ちる滝のようなもので、最も安定した鉄を目指して反応が進むわけです。ただし、谷底にあたる鉄まで至ると、それ以上に重い元素が恒星の中で作られることはありません。

では、鉄より重い元素はどうやって生まれたかというと、これらは巨大な恒星が寿命を終えて起こる超新星爆発のときに、その巨大なエネルギーによって作られるのです。ただし、超新星爆発は、そう頻繁に起こるものではありません。だから、鉄より重い元素は、宇宙全体でも存在する量は少ないわけです。

このように宇宙では多くの鉄が生み出

されたため、少なくとも太陽系の岩石型惑星では、いずれも鉄が最多の金属元素となりました。地球の場合も、鉄は重いので内部に沈み込んだとはいえ、地表にも、ほかの同じような原子量の金属元素と比べれば、鉄が突出して豊富に存在するわけです。生命は、こうした環境で生まれ進化したのですから、鉄を利用するようになったとしても何の不思議もないでしょう。

生命に鉄が不可欠な理由

といっても、生命を形作るのは、水素、酸素、炭素、窒素、イオウ、リンといった軽い元素が中心です。重い鉄が地球の内部に沈み込んでいく一方で、軽い元素は地球の表面に取り残されました。だから、こうした元素が人体の主要な材料として使われたわけです。

単純に身体の形態を作り上げるだけなら、軽い元素だけでも不可能ではありません。ただし、自然環境の中で生き残るための高度な機能を持つには、少量ではあっても、もっと重い元素も必要でした。元素が重くなるほど、原子核を回る電子の軌道が複雑になり、これによって軽い元素ではマネのできない性質を持てるからです。

人体の場合は、この最適な例が赤血球にあるヘモグロビンと筋肉にあるミオグロビンです。赤血球は、肺で酸素をくっつけ、全身の細胞に酸素を渡さなければなりません。酸素

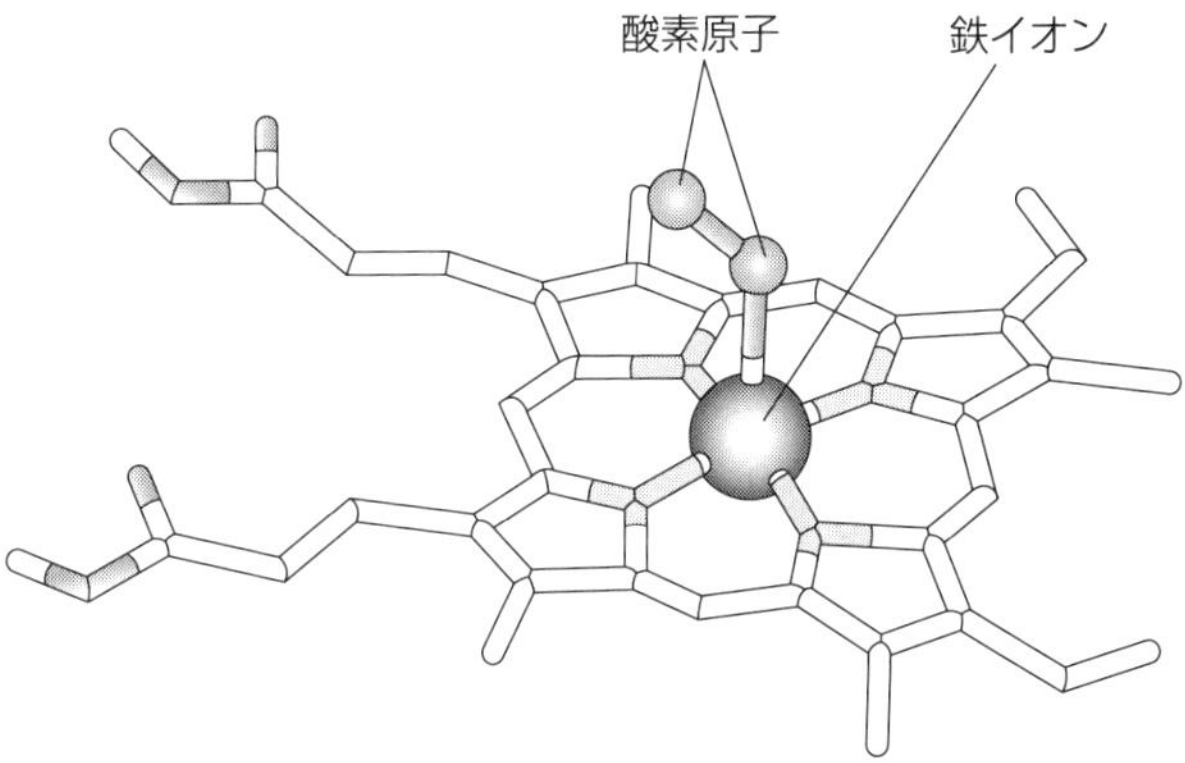

ヘム。中央の鉄部分に酸素分子が結合したり、離れたりする

は他の元素と結合しやすいので、ただくっつけるだけなら酸化すればいいだけのことです。でも、いったん酸化すると酸素を引き剝がすのは困難なので、全身の細胞に酸素を受け渡すことができません。

ここで必要となるのが鉄です。ヘモグロビンは、ヘムと呼ばれる分子とグロビンというタンパク質が結びついてできています。このヘムには鉄が1原子だけ存在しており、この鉄の持つ複雑な電子軌道を利用することにより、肺で緩やかに酸素をくっつけ、体内の深部で酸素を切り離して細胞に酸素を届けることが可能になったのです。

筋肉で同じような役割を担っているのが、ミオグロビンです。筋肉を動かすときは、大量の酸素が必要となります。だから、ここぞというときは、赤血球のヘモグロビンから、酸素を効率よく受け取らなければなりません。このために役立っているのがミオグロビンです。やはり、中心部に鉄が備えられており、この電子軌道によって、ヘモグロビンから酸素を奪い取ります。ヘモグロビンよりは酸素と強く結合していますが、やはり酸化反応のような強さではないので、筋肉の細胞の中でミオグロビンから酸素を引き剝がし、エネルギーを作り出せるわけです。

人間は、このようにヘモグロビンとミオグロビンの共同作業によって酸素を次々と受け渡すことで生きています。鉄なしには人間の生命活動はたちまち滞ってしまいます。

こうした機能を鉄に担わせたのは、宇宙にも地球にも豊富だったからでしょう。電子の軌道を計算すると、鉄ではなくても、コバルトやニッケルなど、鉄に近い原子量の金属であれば、結合するタンパク質の設計を多少変えるだけで、同じような機能を持たせることが可能だということがわかります。このことから、生命が酸素の運搬に鉄を選んだのは、鉄だけしかこうした機能を発揮できなかったためではなく、たまたま鉄が多かったので利用するようになったと推測できるわけです。もし、宇宙がコバルトだらけだったら、酸素を運ぶのにコバルトを利用していたかもしれません。

実際、イカやタコなどの頭足類、あるいは、カニやエビなどの甲殻類は、ヘモグロビンではなくヘモシアニンという物質を使って酸素の運搬をしていますが、これには鉄の代わ

りに銅が備えられています。鉄ほどではありませんが、地球上には銅も多いので、中には
このような選択をする生命も現れたわけです。こうした動物が進化した環境には、たまた
ま、銅が多かったためだと考えられています。

ただし、生命全体でみると、鉄が利用されるケースが圧倒的に多いのです。実際、哺乳類は例外なく酸素の運搬に鉄を利用しています。

わかりやすいように私たちに身近なヘモグロビンやミオグロビンによる酸素の運搬を例にとって説明しましたが、生命に鉄が不可欠だという理由はこれだけではありません。むしろ生命全体でみると、鉄の最も基本的な役割は、酸化還元反応を起こすための触媒としての作用のほうが重要だといえるでしょう。全身の細胞は、無数の酸化還元反応によって生命が維持されていますが、その中には鉄を利用した酵素が少なくないのです。こうした酵素は、ヘモグロビンやミオグロビンと同じようにタンパク質を中心とした有機化合物でできているのですが、酵素活性を担う最も大切な部分に鉄がはめ込まれているのです。やはり、鉄が持つ複雑な電子軌道を利用して酵素活性が生み出されています。

プランクトンで地球温暖化を防ぐ！

生命活動に鉄が重要な役割を果たしているということについては、哺乳類など大型の生

物だけでなく、プランクトンなど微小な生命にとっても事情は同じです。やはり鉄は、生きていくうえで不可欠な元素なのです。実は、こうした鉄の性質を利用して、地球の温暖化を防ぐ研究が進められています。

モス・ランディング海洋研究所（米国）の海洋学者、ジョン・マーティン博士は、南極海や太平洋の赤道付近、それに北太平洋の亜寒帯海域では、プランクトンが不自然に少ないことに気づきました。硝酸塩などプランクトンが生きていくために不可欠な他の成分は豊富な海域だったので、マーティン博士は鉄が不足していることがプランクトンの増えない理由だと考え、鉄さえ散布すればプランクトンは増えるはずだという仮説を１９８８年に発表したのです。彼の死後、実験によってこの仮説は実証されました。

こうした成果を踏まえ、海洋に鉄を散布することが地球温暖化に歯止めをかける決め手になるかもしれないと主張している研究者もいます。海洋に鉄が増えれば、プランクトンが増殖してくれます。増えたプランクトンは海中で光合成を行うので、大気中の二酸化炭素を吸収してくれるというわけです。陸上では森林の伐採が進み、植物による光合成は減少する一方ですが、地球の表面の7割を占める海洋で光合成が増えれば、増加した二酸化炭素を消費してくれる可能性があるわけです。ひょっとしたら、鉄が、将来、地球環境を救ってくれるかもしれません。

貧血のミステリー

現在、地球上で見つかっている生命の中で、鉄がない状態で生きられる生命はほぼ皆無です。高等生物だけでなく、微生物まで含めて鉄は必要な元素なのです。

これは、人間に寄生して生きる病原菌にも成り立つことです。このため、あなたが気づかないだけで、実はあなた自身の細胞と病原菌とは、今この瞬間も、激しい鉄の争奪戦を身体のどこかで繰り広げているはずです。

病原菌が体内で増殖するには、人体の中から鉄を奪い取ることが不可欠です。なぜなら、いったん人体に入り込んだら、周囲はすべて人体なのですから、病原菌には人体以外に鉄を供給してくれるものはありません。だから、病原菌は自らの生存のために人体の鉄を必死で奪い取ろうとします。

一方、人体は、病原菌に鉄を奪われたら病気になってしまうわけですから見過ごすわけにはいきません。そうはさせじと、鉄を奪われない仕組みを発達させました。その役割の中心にあるのが、トランスフェリンという物質です。

トランスフェリンは血液やリンパ液に含まれているタンパク質の一種で、鉄を輸送する役割を受け持っています。トランスというのは運ぶという意味で、フェは鉄を意味しています。つまりトランスフェリンとは、そのものずばり、鉄を運ぶものという意味です。

トランスフェリンは強力に鉄と結合することで、病原菌に鉄を奪われないようにしてくれます。さらにスゴいのは、鉄を必要としている人体の細胞には、鉄を与えることができるということです。ヘモグロビンはただ単に酸素と結合するだけでなく、全身の細胞に酸素を受け渡すことができるので、酸素の運搬に役立つのでしたね。同じようにトランスフェリンもただ単に鉄と結合するだけでなく、必要とする細胞に鉄を届けることができるのが優れたところです。酸素におけるヘモグロビンの役割を、そっくりそのまま鉄に置き換えたのがトランスフェリンだというわけです。

病原菌との戦いの中でトランスフェリンを用いた人間側の戦法は、兵糧攻めに似ています。秀吉が行った備中高松城の兵糧攻めは有名ですが、これは食料の補給を断つことで敵の弱体化を狙ったものです。トランスフェリンも、鉄を断つことで病原菌の弱体化を図るわけです。

ただし、病原菌もだまってはいません。これですべて解決するほど、自然界は甘くないのです。現実に感染症がなくならないのは、病原菌がトランスフェリンに対抗する機能を獲得しているからです。

病原菌の種類によって備わっている仕組みはさまざまですが、最も代表的なのはシデロフォアという物質です。シデロフォアは、トランスフェリンと同じように鉄と結合する物質で、病原菌が使えるように細胞内で鉄を輸送することもできるのです。多くの微生物がシデロフォアを体内で作り出す能力を持っており、これを使って必死になって鉄を奪い取ろうとしています。こうして人体はトランスフェリン、病原菌はシデロフォアと、それぞれ異なる武器を持って激しい鉄の争奪戦を繰り広げているわけです。

この戦いを有利に進めるため、人体はトランスフェリンに加えて、さらに捨て身ともいえる涙ぐましい作戦を遂行しています。それが、体内の鉄分をわざと減らすということなのです。

鉄が少ないというのは、人体の細胞にとってもツライことです。ただし、感染症にかかって死ぬよりは、はるかにマシです。そこで、死なない程度に鉄を減らすことにしたわけです。

実は、女性に頻発している貧血もこうした目的に寄与していると考えられています。女性は毎月、月経によって大量の血液を失います。それとともにヘモグロビンの中に含まれている鉄分も捨ててしまうことになるので、結果として貧血になってしまいます。ここまでは、どなたにとっても常識でしょうが、こうした貧血は、実は、ある意味で人体が意図的に作り上げているものだという側面もあることがわかってきました。

私たちは、標準的な食生活をしている場合、食物を通して1日に40ミリグラムから50ミリグラムの鉄を摂取しています。しかし、腸から吸収しているのは、そのうち、わずか1ミリグラム程度にすぎません。つまり、口にした鉄分の大半は、そのまま腸を素通りして、大便と一緒に捨てられてしまっているのです。

これは、鉄という元素が人体にとって特に吸収しにくい性質を持っているからだというわけではありません。腸の粘膜の構造上、鉄の吸収率を高めることは容易です。むしろ、人体は、必要以上に鉄を取り込まないように、吸収率を抑制するメカニズムをわざわざ発達させたといえるのです。その一端が、ドイツのアレキサンダー・クラウゼ博士らの研究で明らかになりました。ヘプシジンと呼ばれる物質を使って、鉄の吸収を制限していることがわかったのです。

ヘプシジンは2000年にクラウゼ博士によって発見されたもので、抗菌作用を持っており、細菌に感染すると、肝臓で合成される量が増加します。これによって、細菌が体内で増殖するのを抑えることができるわけです。

ところが、人体の優れたところは、こうした役割に加え、ヘプシジンにもうひとつ大切な役割を担わせたことです。ヘプシジンは腸に作用し、鉄の吸収にブレーキをかける作用も受け持っているのです。細菌に感染したときは、貧血のダメージより感染症のダメージのほうが大きいので、増加したヘプシジンにより、鉄の吸収が大幅に抑えられます。これで、細菌を兵糧攻めにするわけです。

一方、細菌に感染していないにもかかわらず貧血の症状が現れたときには、肝臓でヘプシジンが作られなくなり、腸で鉄が吸収される量が増加するわけです。こうして不必要な貧血は、できるだけ避けられるわけですが、注目していただきたいのは、細菌に感染していない平時であっても、ヘプシジンによって鉄の吸収は、ある程度はブレーキがかけられているため、貧血になりやすいということです。これが、多くの女性に貧血をもたらしているひとつの原因になっています。

人類は女性が子どもを産むことで存続していますが、そのために、人体の構造上、決定的な欠点ができてしまいました。身体の外は、微生物がウジャウジャいます。こうした微生物が体内に入らないように、人体は丈夫な皮膚でガードしています。食道・胃・小腸・大腸といった口から肛門までの消化管の内側も、生物学的には体外です。だから、微生物が入ってこないように粘膜で防御しています。

ところが、女性には、たった1ヵ所、直接、体内と体外がつながっている場所があります。それが卵子の通り道です。

卵子は卵巣の中で育ちます。もちろん卵巣は体内なのですが、卵子は体外に出て行かなければ、受精して赤ちゃんになることができません。だから、どこかから体外に出て行かざるをえないのです。実は、卵管の先にある卵管采と呼ばれる部分に体内と体外を結ぶ穴が存在します。成熟した卵子は卵巣から飛び出し、卵管采から卵管の中に入るわけですが、医学的にはここから先が体外に相当します。一方、精子は膣、子宮を通り、卵管に至ります。こうして、卵管の中で少し膨らんでいる卵管膨大部というところで受精するのです。この後、受精卵は子宮に着床し、赤ちゃんに育ちます。

赤ちゃんに育つ元になる細胞なので、卵子はとても大きなものです。そこが、はるかに小さい精子とは決定的に異なる点です。だから卵管采にも、巨大な卵子が通れる大きさの穴が、体内と体外の間でポッカリと空いているわけです。ここは、病原菌に侵入されかねない女性特有の弱点だといえます。

毎月、月経があるのも、子宮を清潔な状態に保つことで、卵管采からの病原菌の侵入を阻止することが理由のひとつだと考えられています。ただし、これだけの対策では不十分なので、さらに体内を鉄分が少ない状態に維持することで、病原菌が繁殖しにくい環境を保つという側面もあったと考えられるわけです。

栄養状態が豊かになった現在であっても、なお、多くの女性が鉄欠乏性貧血に悩まされています。その背景には、人類が地球上に生き残るための戦略があったのです。

貧血を予防するには、レバーを食べればいいというのは、医者でなくても誰でも知っている知識でしょう。確かにレバーには、鉄分がたっぷり含まれており、頻繁に食べていれば、鉄欠乏性貧血になることは、まずありません。

でも現実には、貧血に悩まされている女性の中には、レバーが苦手だという人が少なくありません。レバーを食べるぐらいなら、貧血のほうがまだマシだという人もいます。

人間の味覚はよくできていて、ある成分が不足すると、それを多く含む食べ物が無性にほしくなるような仕組みが脳にあるのではないかといわれています。たとえば、苦い漢方薬でさえ、その成分が必要になると患者さんは美味しいと感じるというのは、漢方薬を処方した経験のある医者なら誰でも知っていることです。だから、そのような仕組みが本当に存在すれば、貧血になった際にレバーが美味しいと感じるはずです。にもかかわらず、なおレバーを受け付けない女性が多い理由は、人間が本能的に、鉄が過剰になるよりは不足ぎみになるように味覚を調整しているのではないかと私は考えています。

瀉血が効果をあげることも

中世のヨーロッパでは、瀉血《しゃけつ》と呼ばれる治療法が盛んに行われていました。これは、病気になった患者の血管をメスで切開し、血液を抜きとるというものです。また、ヒルに血液を吸わせるといったグロテスクな方法がとられることもありました。当時は、病気になるのは悪い血液が原因なので、それを取り去れば病気が治ると考えられていたためです。

もちろん、現在の医学からすれば、こうした考えは完全に迷信だと断言できます。だから、長い間、瀉血はまったく意味がないものだと考えられていました。

しかし、ここまで説明してきたとおり、鉄が不足した状態を作れば、病原菌は繁殖しにくくなるため、感染症が広がるのをある程度は抑える効果があったはずです。だから、抗生物質がなかった中世においては、まったく意味がなかった治療法だったとは言いきれません。こうして医師の間でも、瀉血は見直されるようになってきました。

実際、現在の医療でも、一部ではありますが、瀉血が行われることがあります。たとえば、C型肝炎の場合は、肝臓に鉄分が過剰に蓄積して炎症が広がることがあります。これを防ぐため、血液の状態によっては、体内の鉄分を減らすために瀉血を行うことがあるのです。

また、体内に鉄が沈着してしまうヘモクロマトーシスという病気になると、やはり瀉血を行うことがあります。

このように、瀉血は体内から鉄分を減らすという意味では有効な手段なので、すべてがすべて迷信だと決めつけてはいけないというのが、現在の医学の標準的な考え方です。

結核になると鉄分が減少

医学界の中で感染症と鉄分との関係を初めて指摘したのは、フランスの内科医、アルマン・トルソーです。彼は1861年から翌年にかけて発表した『臨床医学の講義』という著書の中で、肺結核の患者に鉄分を投与すると症状が悪化するので控えるべきだという、当時の常識を根底から覆す理論を発表しました。

肺結核を長く患っていると体内で鉄分が不足するということは、古くから知られていました。しかし、当時は、結核にむしばまれることによって鉄分の吸収が悪くなり、結果として体内で鉄分が不足してしまうのだろうと考えられていました。そこで、こうした患者に対して積極的に鉄剤が投与されていたわけです。

ところが、トルソー医師が患者の容態を注意深く観察したところ、意外にも鉄剤の投与で逆に症状が悪化していることに気づいたのです。しかし、彼が著書の中でも予言した通り、彼の主張は当時の医師にはなかなか受け入れられず、それ以降も長く鉄剤の投与が続けられることとなりました。

トルソー医師の理論がはっきりと認められたのは、それから1世紀も後のことです。ソマリアの難民キャンプでは、栄養状態が悪いため、貧血の患者が増えていました。そこで、治療しようと鉄剤を与えると、確かに貧血はすぐに治ったのですが、1ヵ月後には、

38％の人が、貧血よりはるかに深刻な結核やマラリア、それにブルセラ症といった感染症に次々とかかってしまったのです。その経過をミネソタ大学（米国）のM・J・マレー教授が分析し、トルソー医師の主張が正しかったことが証明されました。

マサイ族とマオリ族の悲劇

貧血を治そうとして鉄剤を飲ませたら感染症が悪化したというのは、実は、一時期、世界中で起きていたことなのです。たとえば、アフリカに住むマサイ族も、同じような悲劇に見舞われました。

マサイ族は、ほぼ全員が、軽い貧血を持っています。なぜかというと、彼らは牛の放牧で暮らす遊牧民で、ほとんど牛乳や牛乳で作られたヨーグルトなどの乳製品だけを食べて生活しています。牛乳には鉄分が少ししか含まれていないので、どうしても軽い貧血になってしまうのです。

そこで、約30年前、彼らをもっと健康にしようと、鉄剤が配布されたことがありました。これにより、確かに貧血は一気に解消したのですが、それとともに、はるかに困ったことが起こりました。なんと88％の人がアメーバ赤痢という病気に感染したのです。

アメーバ赤痢とは、アメーバの一種である赤痢アメーバが、腸や肝臓に感染することで起こる病気です。潰瘍ができイチゴゼリー状の血便が出て、場合によっては衰弱して命を落とすこともあります。衛生状態が悪い地域では、糞便を通して赤痢アメーバが食べ物に紛れ込み、感染を起こしてしまうのです。

マサイ族の人は、ボーマと呼ばれる牛の糞で作られた家に住んでいます。牛の糞にも赤痢アメーバが棲み着いているため、いわば赤痢アメーバに囲まれて暮らしているようなものです。にもかかわらず、鉄分が不足した食生活だったため、赤痢アメーバが腸の中に入っても増殖できず、結果として感染を免れていたのです。おそらく、牛乳や乳製品だけを食べて暮らすというマサイ族のライフスタイルは、貧血によってアメーバ赤痢を予防するという長い歴史が生み出した民族の知恵だったのでしょう。善意で行われたとはいえ、鉄剤を飲ませるという試みは、そんな生活の知恵を台無しにしてしまったわけです。

一方、ニュージーランドの先住民であるマオリ族では、赤ちゃんが乏しい栄養状態によって貧血になっていたため、これを治療しようと鉄剤が与えられました。すると、髄膜炎など深刻な感染症が7倍に増えてしまったのです。このほかにも、こうした例は発展途上国を中心に世界の各地で報告されています。

先ほど説明したように、人体はトランスフェリンというタンパク質を使って病原菌に鉄が奪われないようにしています。しかし、栄養状態が悪いと、タンパク質が不足しているため、人体はトランスフェリンを作りたくても作れません。それでも、鉄が不足していれば、トランスフェリンが足りなくても、なんとか感染を防ぐことはできていたのです。しかし、栄養状態を改善する前に鉄剤を与えると、病原菌に餌を与えるようなもので、一気に感染が広がることとなってしまったわけです。こうした経験を踏まえ、現在では、まずは栄養状態と衛生環境の改善を図り、鉄剤の投与はその後で行うこととなっています。

ダイエットのしすぎで風邪をこじらせる

現在の日本など先進国では、抗生物質が簡単に手に入ります。だから、無理に貧血にしておく必要はありません。鉄欠乏性貧血の方は、しっかりと鉄分を補給すべきです。

ただし、飽食の時代だといわれている現在の日本であっても、なお栄養不足によってトランスフェリンの低下が起こり、健康を害している人が現実に少なくないのです。それは、若い女性を中心とした極端なダイエットをしている人たちです。偏った食生活のためタンパク質が不足し、その結果、体内でトランスフェリンが作れなくなるのです。これにより、風邪をこじらせる人が増えています。

通常、風邪は、まずライノウイルスやアデノウイルスといったウイルスによる感染で起こります。この段階では、鼻水が透明であるのが特徴です。発熱や倦怠感などの全身症状もさほど重くなりません。

ところが、風邪をこじらせると、一気に熱が高くなり、症状が重くなることがあります。このとき、鼻水は白濁したり黄変したりするなど、いかにも汚いドロッとした状態に変わります。実はこうした症状を起こす正体は、当初、感染していたウイルスではなく、後から二次的に感染する細菌なのです。

極端なダイエットをしていれば、免疫力が低下するので、第一段階のウイルスの感染自体も起こしやすいのですが、さらにトランスフェリンが低下していると、細菌に鉄が奪われてしまうため、第二段階の細菌感染に移行しやすくなるのです。

風邪なんてどうってことはないと思っている方が多いようですが、風邪をこじらせると腎臓の病気になったり、自己免疫病というやっかいな病気を併発することもあります。ダイエットをする場合も、タンパク質はしっかりとり、トランスフェリンが不足しないように気をつけてください。

母乳の秘密

人体と病原菌との鉄を巡る争奪戦は、生まれた直後の赤ちゃんから始まっています。羊水の中はほぼ無菌状態なので、胎児のころは感染の心配はありませんが、お母さんの膣は雑菌だらけなので、産道を通るときに一気に細菌が付着します。しかも、赤ちゃんの体内では、まだ免疫力が十分に育っていないので、体内のトランスフェリンだけではこころもとないのです。

そんな赤ちゃんには、病原菌と戦ううえで頼もしい援軍があります。それが、お母さんからもらう母乳なのです。母乳には、ラクトフェリンという成分が20％も含まれています。トランスフェリンと名前が似ていますが、構造もよく似ており、やはり鉄と結合することができます。しかも、ラクトフェリンの鉄に対する結合力は、トランスフェリンの100倍程度もあり、その分だけ強力に、鉄が病原菌に奪われるのを防ぐことができます。わが子を病気から守りたいという母の愛は、ラクトフェリンという形で母乳に結実していたわけです。ちなみに、牛乳にもラクトフェリンは含まれているのですが、その濃度は2％で人間の母乳の10分の1程度です。ですから、赤ちゃんの健康のことを考えれば、できれば母乳で育てるほうが望ましいといえます。

ちなみに、大人になっても人間はラクトフェリンのお世話になっています。母乳だけでなく涙にもラクトフェリンは豊富に含まれており、抗菌作用のあるリゾチームなどの成分と協力しながら、眼の角膜や結膜を病原菌から守るのに役立っています。眼は特にデリケートな構造をしているため、病原菌に鉄を奪われないようラクトフェリンで守ることが不可欠だったのでしょう。

　また、唾液にも、やはりリゾチームなどとともにラクトフェリンも含まれています。動物が傷口をペロペロ舐めるのは、ラクトフェリンの効果などによって細菌が繁殖するのを抑えるためです。傷口は酸性に傾いているため、ラクトフェリンの鉄に対する結合力はより高まっており、病原菌の増殖を強力に防いでくれます。

卵の秘密

　子どもを感染症から守る知恵については、鳥類も負けていません。鉄を巡る病原菌との駆け引きについては、卵の構造にも工夫がなされています。

　鳥のヒナが健康に育つためには、鉄は不可欠です。だから、卵の中に鉄分も用意しておかなければなりません。しかし、卵の中にみだりに鉄分を置いておくと、病原菌のほうでも、その鉄分を奪って繁殖しようとします。

　そこで鳥類は、鉄分を卵の真ん中にある卵黄に集中させるという戦略をとりました。一方、卵白には、コンアルブミンという強力に鉄と結合する成分が12％も含まれており、病原菌に鉄が奪われるのを防いでいます。

　卵に外部から病原菌が侵入する場合、間違いなく内側の卵黄よりは外側の卵白のほうが

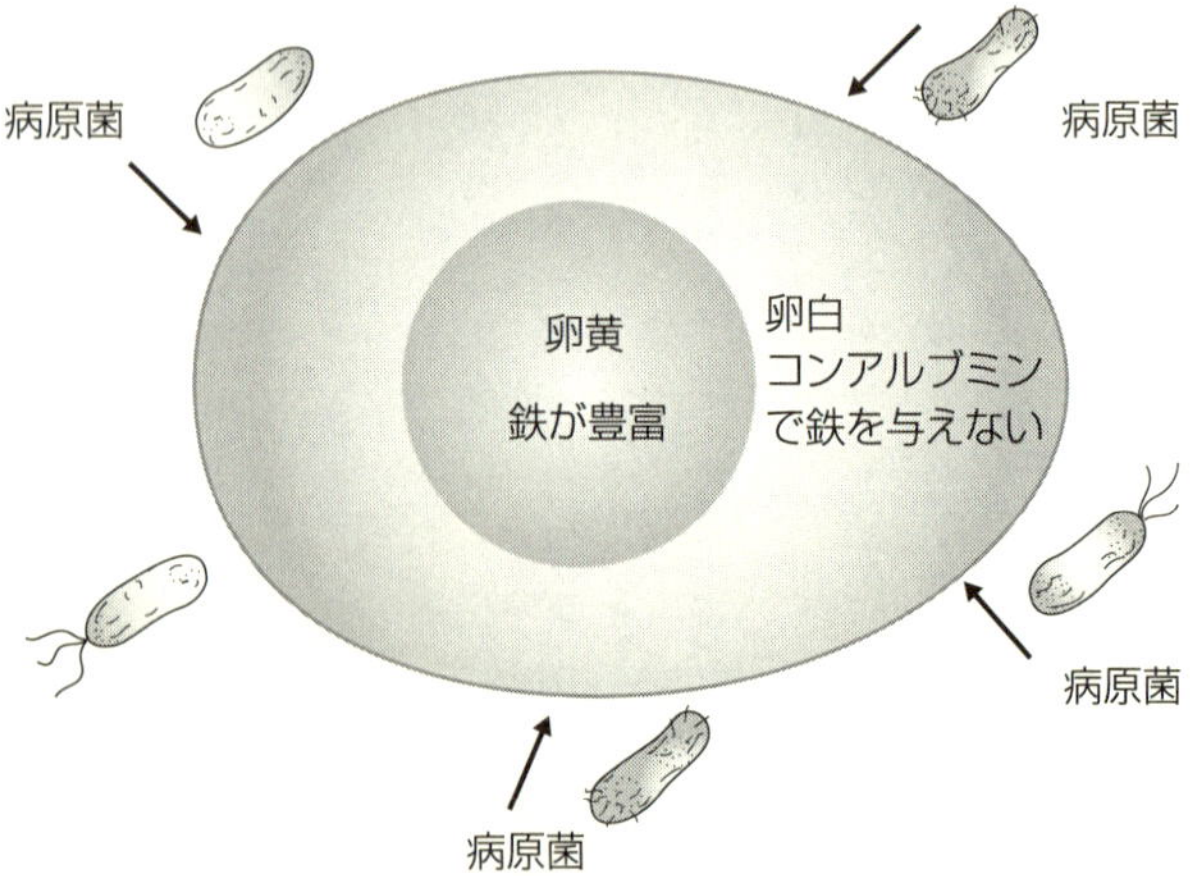

鳥類は鉄分を卵の中央にある卵黄に集中させることによって病原菌から鉄分を奪われるのを防いでいる

順番は先になります。だから、卵白には鉄を置かずに内側の卵黄に隠し持ち、卵白にはコンアルブミンでにらみをきかせるというわけです。病原菌との鉄の争奪戦を勝ち抜くうえで、実に合理的な作戦だといえます。

ちなみに、ルネサンス期に、スイス生まれの医師で錬金術師でもあったパラケルススは、傷口に卵白を塗ると化膿しにくいということを発見しました。それ以来、抗生物質が発見されるまで、感染の治療に卵白は積極的に用いられてきました。卵白に含まれるコンアルブミンには傷口で病原菌が増殖するのを防ぐ効果があるため、当時としては実に有効な治療法だったといえます。

このように病原菌を体内で繁殖させないためには、鉄を与えないことが有効です。とはいっても、現在では抗生物質によって病原菌の増殖を抑えることができるので、無理をして鉄を制限する必要はありません。鉄欠乏性貧血の方は、医師から処方を受ければ、迷わず鉄剤を服用してください。

鉄が不足すると、ヘモグロビンが作れなくなるだけでなく、全身の細胞が分裂しにくくなります。その結果、貧血に加え、舌や口腔、それに食道や胃腸など、細胞分裂が激しく行われている部分に障害が生じます。場合によっては、食道炎を起こし食べ物を飲み込めなくなることもあるのです。鉄の不足を甘く見てはいけません。

岩石型惑星である地球で鉄が最も豊富な金属元素であったことも、そこで誕生した人間と病原菌が、鉄に依存して生きるようになったことも、すべて単なる偶然ではなく、壮大な因果関係の鎖のようなものが見てとれます。こうした背景を踏まえて、人体と病原菌の間で繰り広げられている鉄の争奪戦を理解しておけば、感染症の見方は格段に奥深いものとなるはずです。鉄なんて体内で足りなくなれば補えばいいものだとすませてしまうのではなく、その背後にある生命を支える役割について、もっと関心を持っていただきたいと思います。そうすれば、生命の本質へさらに一歩、近づけるはずです。

講談社現代新書　2226

宇《う》宙《ちゅう》生《せい》物《ぶつ》学《がく》で読《よ》み解《と》く「人《じん》体《たい》」の不《ふ》思《し》議《ぎ》

二〇一三年九月二〇日第一刷発行　二〇二二年五月二三日第三刷発行

著　者　吉《よし》田《だ》たかよし　

発行者　鈴木章一

発行所　株式会社講談社

東京都文京区音羽二丁目一二—二一　郵便番号一一二—八〇〇一

電　話　〇三—五三九五—三五二一　編集（現代新書）

〇三—五三九五—四四一五　販売

〇三—五三九五—三六一五　業務

装幀者　中島英樹

印刷所　株式会社ＫＰＳプロダクツ

製本所　株式会社国宝社

定価はカバーに表示してあります　Printed in Japan

N.D.C.440　197p　18cm

ISBN978-4-06-288226-2